旅館餐飲經營實務

詹益政◎著

序

「旅館與戲台在很多方面極為相似。……旅館的工作人員必須像舞台上的演員一樣，能夠扮演各種不同的角色。唯一與其他行業不同的是，這幕戲是永遠演不完的。……週而復始，不斷地將生命與活力灌輸給人生的舞台。」

這段話不是我自己創造的，而是從詹益政先生的大著中「借」來的，大哉斯言！若非兼具理論與實務經驗如詹益政先生者，是無法用這麼簡單的一段話點出旅館業的精髓。

「旅館」可說是觀光旅遊事業的「門戶」，往往決定了一個來自遊客對這個國家、城市、地區的觀感。往更深層的意義來看，每一名旅館的從業人員，即使是替旅客拿行李的門僮或餐廳的服務員，都是背負著使命的外交人員、主人，他招待、服務客人的每一行爲，都是「國民外交」的一個動作。陳義過高嗎？我想有過旅遊經驗的人，多少會同意我的看法。

國內自從民國四十五年開始提倡觀光事業以來，歷經數十年的演進，政府及業界也有計畫的興建、管理、與經營觀光旅館，改善設備，推廣市場，並加強對人才的培育，其風貌與發展，已非當時可同日而語。但是，萬丈高樓從地起，所有餐旅事業的發展及繁茂，均有賴於優秀的人才及豐富的專業知識做基礎。而詹益政先生在此領域，做出了極大的貢獻。

詹益政先生是餐旅業的前輩，最難得的是理論與實務都很豐富。他不但是日本明治學院大學商科畢業，並在美國夏威夷大學東西文化中心旅業管理研究。最難得的是，他曾擔任國內數家不同系統、型態大型旅館，包括：福華飯店、凱撒飯店、國賓飯店及日本琉球大飯店等總經理，如此豐富的經驗，在國內旅館業亦不多見。

但更難得是詹益政先生在繁忙的工作之餘，並有心培育餐旅專業的人才，不但從事教育，並且著書立書，撰寫一系列與餐旅及觀光事業相關的著作，如《旅館餐飲經營實務》就是最好的例子。是國內觀光旅館業難得一見，有系統、兼容並蓄的著作，對餐廳之淵源、概念實務、發展，以及餐飲專門用語，無所不包。本書就像給演員的手冊指南，讓新手可以中規中矩地粉裝登場，讓老手也可以不時回歸基本，調校表演中不夠精準的部分，讓每個人都可以有完美的一場演出。

台灣觀光協會會長

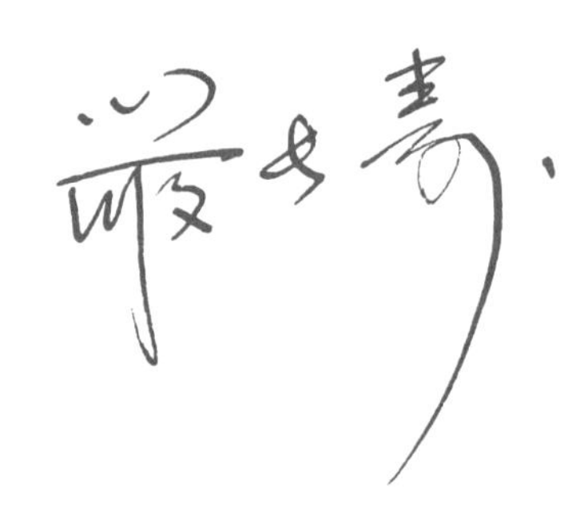

自序

餐飲業是二十一世紀最富挑戰性、前瞻性和發展性的生活品味服務最佳產業。

作者本著由公僕、總經理與教授半世紀來在國內外累積的產官學經驗，並以野人獻曝之情懷編寫成書。內容涉及餐飲業基本認識、服務、經營、管理和領導。並強調如何培育人才、參加連鎖、運用行銷優勢、常握潮流、研發創新、強化體質、加強顧客滿意、提昇形象、以創造輝煌業績爲目標。

範疇涵蓋獨立餐廳、外食產業、都市、商務和休閒旅館等餐廳，全方位專業知識。作者特別將錯綜複雜的理論與實務精萃，簡明扼要，公開其成功秘訣，並爲海外留學僑生增加英文專業用語，以應全球化之需。

相信本書爲當前國內最具權威性、完整性和實用性。最適合自修、升學、就業升等，及自立創業之用。

本書承蒙台灣觀光協會嚴會長長壽百忙中撥冗賜序，不勝感激。尤其作者幾位優異能幹的學隸如：林正松君，台北長榮桂冠酒店總經理。蘇國垚君，台南大億麗緻酒店總經理。廖瑞娘小姐，台北福華大飯店經理；他們均不辭辛勞，國內外，東奔西跑，協助蒐集許多寶貴照片與資料，精神可嘉，藉此表達最誠摯的謝意。

同時，也特別感謝作者的學隸，現任圓山大飯店總經理特別助理，黃清瀠君，曾獲得台灣地區首屆觀光行政人員高等考試第一位觀光狀元，也是中國文化大學法學碩士，自始至終，鼎力協助編校。

本書著作雖已竭盡心力，裨能盡善盡美。然因時空所限，匆忙付梓，恐有疏漏遺珠之處，尙祈不吝賜教。

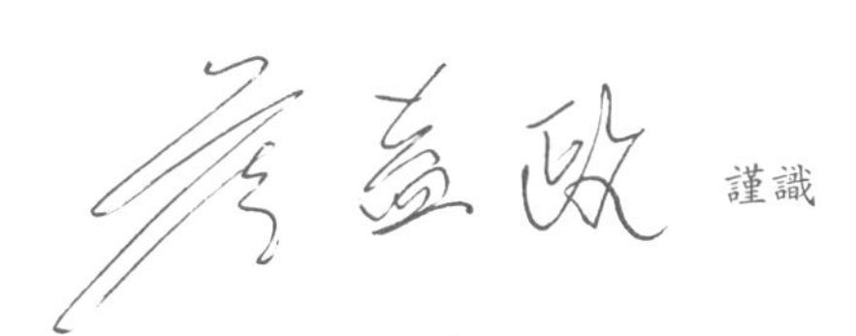

謹識

目次

第1章 餐飲業

第一節 餐旅業與觀光事業

第二節 餐飲業

第三節 餐旅業的服務精神

第四節 hospitality的真義

第五節 餐飲業的現狀與發展

第一節　餐旅業與觀光事業

觀光事業為多目標之綜合性事業，牽涉範圍至為廣泛，舉凡衣食住行育樂等行業均包括在內。自從一九九二年以來，一直被公認為世界上規模最大，成長最快的服務企業，而在這個領域當中，餐飲業和旅館業又佔著全部觀光事業的一半收益。這兩種行業又合稱為餐旅服務業，在整個觀光事業中扮演最具關鍵性的角色。

據世界觀光組織預測，到二〇二〇年，全球將接待十六億人次的國際旅客、國際旅遊消費將達二萬億美元。國際旅遊人數和消費平均增長率將分別達到4.35%和6.7%，遠遠高於世界經濟平均增長3%的幅度。

又根據我國觀光局最新的統計，截至八十六年十二月底，台灣地區觀光旅館共計有76家、客房共達19,402間，其中國際觀光旅館54家、客房數16,845間、一般觀光旅館22家、客房數2,557間。

國際觀光旅館的主要營收來自於客房出租及餐飲服務，但由於客房供給數量固定有限，無法隨市場需求，臨時增加應需，而且客房價格也有制約因素，反之，餐飲部座位雖固定，但周轉率和平均消費額上下波動幅度相當大，是增加飯店收入的重要途徑，如能經營得法，又可提高飯店聲譽，因此，經營者不得不改變經營策略，積極開發餐飲市場及擴展業務，以提高整體性的營收，使得餐飲收入佔總營業額收入之比率逐年上揚，無形中提高餐飲部的地位成為一枝獨秀明日之星，肩負著繼往開來的重要使命。

第二節　餐飲業

餐飲業是一個多采多姿、包羅萬象、千變萬化，又富有挑戰性、競爭性和發展性、前途燦爛的現代生活產業。

尤其在我國隨著國際經濟、貿易、金融的發展、交通工具的發達，都市人口的集中，教育水準的提高、科技的精進和國民所得的激增，已使一般國民更有能力去追求高水準的生活品質，享受較長的休閒觀光活動和外出用餐的機會，尤以外食人口成長量頗爲可觀，必將會持續成長。

依據觀光局對國民旅遊狀況調查報告，至公元二○一○年，國民旅遊可達11,500萬人次，年成長率介於5%至7%之間。

另外，由於經營者不斷研究、改進、創新，並在文化上、營養價值上，表現突出的風格和品牌，深獲社會大眾的肯定與讚許，爲餐飲業開創更廣大、更美好、更輝煌的發展空間和遠景。

餐飲業經營的成敗，雖然受到許多因素的影響，但是最重要的是要儘早獲得目標市場和消費者相關資訊，事先確定經營策略，配合天時、地利、人和、物流等條件並掌握下列成功的五要素。即：

一、良好的成本控制。
二、良好的行銷策略。
三、良好的獨特風格。
四、良好的餐飲品質。
五、良好的服務熱忱。

隨時求新求變，把握競爭優勢，以迎合消費者的需求，獲得顧客的滿意，才是未來決勝的關鍵。

至於廿一世紀「E時代」中人們對飲食生活的新期待，應該可以用五個「E」來代表。即：

一、享受異國情調——exoticism。
二、追求新鮮刺激——excitement。
三、充滿樂趣快感——entertainment。
四、喜在悠閒自得——enjoyment。
五、增加新穎經驗——experience。

第三節 餐旅業的服務精神

傳統上，我們常以「service」一詞解釋爲代表服務業的「服務」。然而，近年來，由於生活品質的提昇和消費觀念的改變，漸以「hospitality」一詞，中譯爲「接待服務」。用以強調服務品質的提高，而普遍加以應用。

其實，這二個用詞概念上，是有所不同的。因爲「service」的最終目標，僅能提供給顧客原先要求的「同等價值的服務」，所以作業上，要求迅速性、效率性、合理性、確實性、個人性、方便性、機動性和價格性等因素。然而「hospitality」，卻要提供超過顧客原先所期待的願望和「意外的附加價值的服務」。因此在過程中，特別強調相互性、有效性、心靈性、信賴性、創造性、社會性、文化性、和人性等要素爲依據。

簡言之，「service」的概念是根據被動的、單方的關係（單行道），消極地傳達情報給顧客，但是，「hospitality」是根據能動的、雙方的意向關係（雙行道），積極地創造情報的服務給顧客，所以，「service」應該包涵在「hospitality」的要素之內。

第四節 hospitality的眞義

「hospitality」意爲用親切、愉快、和熱忱的態度去款待客人。其原義爲拉丁語「hospes」（客人的保護者），經過下列各階段的演變而成爲今日的款待客人之意。

hospitalis（款待客人）→hospitale（中世紀：意爲客用宴會場所，後來也譯爲客房）→hospital（醫院）→hospitaler（慈善的宗教團員）→hosteler（照顧旅社的人）→hostel（十三世紀：招待所或旅社）→hotel（十七世紀：旅館）。

可見，古代的旅行者經過千辛萬苦的跋涉，到了旅社時，熱望能獲得使他們疲勞的身心均能得到宗教上、心靈上的安寧和安全，並接受餐飲和醫療的服務與款待，以便儘早恢復體力和精神，隨時再出發。

這種用熱忱款待客人的精神，後來也由歐洲的貴族旅館加以接受應用，並經過時代的變遷與環境的變化，逐漸成爲歐美中產階級旅館的服務接待方式。尤其在瑞士的旅館這種精神演變以家庭方式款待客人，成爲馳名於世的「瑞士」接待服務的精神，奠定了歐洲旅館服務的典範。

由此觀之，如果在「service」時代人們所常引用的格言：「顧客永遠是對的」這一句話，那麼在「hospitality」的新時代中，就應該更改爲：「顧客永遠是顧客」，我們應該抱著「以客爲尊」的服務精神去接待服務顧客，使他們有「賓至如歸」的感受，更爲恰當，也更合時代的潮流。

「hospitality industry」廣義上，應包括以下四種直接關聯產業在內：一、旅館業。二、餐飲業。三、旅行業。四、觀光事業（狹義上）。不過近年來因爲旅館業和餐飲業，在整體的觀光事業發展上扮演著關鍵性的角色，業界常以其狹義上的觀點，將「hospitality industry」，僅解釋爲「餐旅業」，以強調其重要性而已。

至於，餐旅業的另一種英文稱法是：hotel and catering industry，英文是把旅館放在餐館之前。然而我們的中譯卻將餐館相反地排在前面。這也許是我們中國人有句名言：「民以食爲天」。吃飯問題始終是我們人生的頭等大事之故吧！另一個原因可能是，我們中國人是先吃飽才去睡覺，而洋人是先睡飽，才想吃東西，東西習慣上的差異吧！

第五節 餐飲業的現狀與發展

一、無論是一般家庭、單身貴族，或上班族，即使僅爲午餐一餐外食，對於選擇餐廳也越加謹愼。

二、由於休閒時間增加，交通工具方便，餐飲趨向休閒化更爲明顯。

三、女性或家庭主婦因上班人數激增，外食機會大爲升高。

四、飲食高級化取向與大眾化取向兩極化，至爲明顯外，因消費者需求的多樣化，更增加了簡便化和傳統化的區隔。

五、因大型連鎖店發展迅速，競爭更趨激烈，好的立地選擇更加困難。

六、因新興業種餐廳大量出現，加速及縮短舊有餐廳更新設備或重新裝璜的時間。

七、消費者除重視餐食本身的口味外，更要求附加價值的服務。

八、由於消費者教育程度提高，出國觀光機會增加，對飲食與休閒有關知識與資訊水準也隨著更爲提昇。

九、因此，在選擇餐廳時，容易收到各種資訊的影響。

十、組成家庭的個人生活型態趨向個性化，所以在日常生活中，大家一同聚餐的機會越來越少。

十一、對於能增進健康及美容的飲食需求度更加強烈。

十二、因爲消費者重視個性化的生活型態，餐廳已無法單就顧客的「階層」去掌握市場的趨向。

十三、因消費者水準的提昇，對飲食的需求，更重視其內容和享樂氣氛的品質，高於一切。

十四、菜單、餐廳和消費者如能三合一而發揮共鳴的主題，才是最受歡迎的餐廳。

十五、瞭解顧客來店消費動機，成爲市場區隔重要因素之一。

十六、具有話題性的餐廳更有吸引力。

十七、利用網路獲得餐飲資訊或訂位將爲更加普遍。

十八、由於加入WTO之後，帶來更多商機，而外國餐飲業的增加，不但提高了飲食品質，也增加了競爭力。

十九、重視行銷導向、顧客導向，和社會導向，是餐飲策略成功的關鍵。

二十、設備投資型的大餐廳，要提高收益增加利潤較爲困難。

二十一、業務人員須有高度收集資訊能力及行銷能力。

二十二、複合式、多功能餐廳和連鎖餐廳發展神速，競爭將更爲激烈。

二十三、以本店特殊立地爲號召力或以符合顧客需求的特殊菜色爲吸引力而採取創意化，差別化的策略，將成爲經營的特色。

二十四、餐廳的數量雖日漸增加，可惜品質並無隨著提昇。

二十五、如何控制高度的人員流動率，高漲的各種成本費用，以及如何應用高科技以提昇服務品質，並以高瞻遠矚、永續經營爲理念，將是未來餐飲經營的關鍵性課題。

第2章 旅館附設之餐廳

第一節 餐廳經營特色

第二節 旅館餐廳與獨立餐廳的經營

第三節 休閒旅館的特色

第四節 休閒旅館的餐廳

第五節 休閒餐廳與酒吧

第六節 餐飲市場區隔

第七節 菜單與健康飲食的演變

第一節 餐廳經營特性

一、營利潛在性

因爲客房數量是固定的，所以其接待能力和房價的最高價格，均受到一定的限制。雖然餐廳的座位也是固定的，但營業範圍、種類繁多，例如，喜慶宴會、國際餐會、商業聚會、外賣和外燴等等，因此，周轉率、平均消費額和其他收入，皆具有相當大的潛在性。

另外，影響餐飲收入的內外因素也較多，除客房住用率外，尚有本地的顧客，餐廳內裝潢、氣氛、環境、餐飲品質、接待員服務態度、推銷技巧和菜單設計，在在均能增減營業收入。

二、成本複雜性

餐飲的成本一般佔總收入的40%以上，且其生產和服務又涉及較多人力費用，使用餐飲品種繁多，從原料採購、運輸到貯存、加工、出售，任何一個環節控制的好壞，都直接影響到餐飲成本，而最後影響到整個餐飲部的營業利潤。

三、市場特殊性

旅館餐廳的主要市場可分爲：住客和飯店外部的顧客，一般說起來，渡假休閒旅館因爲附近餐廳較少，所以住客在館內用餐的機會較多，但都市旅館與市內餐館互相競爭極爲普遍，而且飯店餐廳的菜單比較呆板單調，加上，晚間缺少活動節目，因此大部分住客自然會外出就餐。

至於本地客市場又須取決於當地社會經濟狀況、消費型態、利用動機、飯店形象和聲譽、地理位置、交通便捷和停車方便等種種條件限制。另外又受時間段的不同與交通狀況變動和氣候變化等因素的影響。

四、品質多元性

餐飲的產品大別之有三項：即食物、飲料和服務。前二項爲有形的，只要有相當的技術和管理，就能滿足顧客，第三項服務是無形的，僅能用感受去體會需要更多的能力和臨時應變的才智以及服務的熱忱與態度。此外，就餐環境、氣氛和顧客主觀心理諸多因素均能影響餐飲品質。

五、產銷同時性

從採購原料，經加工烹飪，生產後銷售給顧客的過程，均在同一短暫時間和地點製造各種不同口味的餐食，所以餐飲管理重視制定「標準化」，不但能控制成本和時間，也能穩定品質和提高服務效率，以符合顧客需求。

六、勞力密集性

無論是廚房或是賣場，餐飲工作需要大量的員工參與運作。因此人力資源的需求、直接影響到服務品質。爲了要提高服務質量的標準，就必須重視員工的教育培訓，提高人員素質，服務態度和改善專業技能。

要留住員工，首先要讓他覺得工作有興趣，生活有意義、前途有希望，並須採用良好的制度及和諧的勞資關係，才能讓員工自動自發的爲公司效命，也才能降低流動率。可見，如何掌握人力資源是餐廳經營重要生存的關鍵。

七、地點方便性

交通是否便利、人口是否集中、流動性是否龐大，是決定餐廳集客力的重要因素。如能在密集的工商繁榮地區、購物中心、商業大樓、捷運站，或多功能休閒綜合區等附近更是錦上添花，必能提高營業額。

八、時間受限性

由於三餐用餐時間，受到習慣性的限制，顧客較爲集中在午、晚餐的時段，餐廳要如何利用有限時間、空間和人力，以期能突破時限，而提高營業額，是經營成功的關鍵。另一個主要受限原因是淡、旺季有明顯的差別，所以要設法調整人力和營業時間，或以延伸營業範圍，以外賣、外帶、外燴等方式來因應顧客數和營業量的變化。

九、食品腐朽性

食品原料自生產到服務顧客之前，有一段過程，必須適當加以控制，因爲不論是生食或熟食，都容易腐蝕變化，而且食品原料又無法貯存過久，更難於預估顧客數量，如何控制採購適度，貯存溫度，和服務速度，成爲高度的技術和專業知識。

十、公共安全性

餐廳是屬於公眾出入頻繁的公共場所，所以要特別重視公共安全與衛生。爲此，需要設置各種防災措施，例如，安全門、消防栓、滅火器等設備。尤其所使用之內裝、陳設及廣告宣傳用品應具備防火功能以策安全。此外，爲保持公共衛生、廚房及廁所均設有管理標準，必須嚴加遵守。更有進者，餐廳工作人員在處理食物和服務餐飲時，應特別具備安全防備及健康衛生的習慣。

第二節 旅館餐廳與獨立餐廳的經營

旅館餐廳與獨立餐廳的經營，主要不同在於：一、規模。二、營業時間。三、餐廳種類。四、消費者。

一、規模

規模上，旅館內的基本餐廳包括：

（一）代表飯店的全套餐飲服務的主餐廳。
（二）房內用餐服務。
（三）宴會服務。
（四）酒廊（大廳中）。
（五）快餐廳。
（六）各種不同價位和菜單之餐廳。
（七）表演節目的餐廳或夜總會。
（八）與客房部訂房有直接關聯的會議，團體客人所主辦宴會及會議廳。
（九）各種酒吧。

二、營業時間

大部分的餐廳與房內用餐服務，每星期有七天的營業時間。

三、餐廳種類

有各種國際性或地方性餐廳，通常以使用不同類別的餐具、菜單和價位、表現突出的風格與情調。尤其是宴會部門必須提供以下多元性服務：

（一）會議休息時間供應茶點。
（二）工作中供應午餐。
（三）研習會、講習會。
（四）商業交易會。
（五）各種大小會議。
（六）展覽會。

（七）雞尾酒會。
（八）聯誼晚會。
（九）舞會、茶會。
（十）各種節慶喜宴。

此外，房內用餐服務部門也負責提供：

（一）房內用餐。
（二）套房內舉辦之各種酒會。
（三）應付顧客特別要求之招待酒會。

四、消費者

除住客外又有本地客及來自世界各國不同國籍之外國旅客。

第三節 休閒旅館的特色

休閒渡假旅館係以特定活動主題或休閒環境特色為號召，結合住宿、餐飲、休閒活動及渡假體驗等機能，提供定點式停留的休閒觀光方式與服務，讓旅客達到舒展身心和休閒體驗的目的。其中住宿設備和餐飲品質與休閒活動內容的充實等皆是決定該旅館的市場定位和訴求客層，影響其經營成敗的關鍵要素。

綜合起來，經營休閒旅館的成功因素為：

一、各種吸引人的娛樂活動設備。
二、美味可口的餐食（尤其是當地代表性的土風味）。
三、舒適清潔衛生的房間。
四、週到的人性化服務。
五、優美的休閒勝地，地點適中。

六、規劃良好的活動節目。

七、合理的價格和附加價值。

八、提供同階層或高一階層人士、聯誼社交的機會。

九、具備文化和觀光的魅力。

十、充滿家庭氣氛，是「家外之家」兼「戶外樂園」。

十一、風景秀麗的天然景觀和環境。

十二、氣候條件良好。

第四節 休閒旅館的餐廳

許多經營成功的渡假休閒旅館，大部分是依賴他們的餐廳所建立起來的「形象」與「信譽」而聲名遠播。

今天休閒旅館的餐食，不但承襲了傳統的懷古情趣，更增加了世界各國多采多姿的異國情調。據最新的市調，81%的總經理認爲他們旅館之「形象」與「信譽」是建立在良好的餐飲品質和優秀的服務水準上面。

當前休閒旅館餐廳在管理上所面臨的問題爲如何解決人力資源，加強訓練培養員工、嚴格地採購管理、精明地規劃菜單，以及積極地促銷餐飲，以便提高營業量而增加利潤。

一般說起來，渡假客停留旅館的時間要比都市旅館長，因此，停得越久，就越覺得菜單單調沒有變化。所以，經營者應不斷改進菜色、變化口味、豐富內容，並以陳列、展示，或表演活動等方式搭配吸引顧客。平常就應重視開發特殊餐食、美化環境、營造用餐氣氛，讓顧客隨時能享受到新奇美味，興奮難忘的體驗和回憶。

雖然供餐速度和溫度也很重要，但是如何訓練服務員的服務態度和工作熱度，應列爲首要培訓項目。

渡假旅館的餐廳種類很多，從最簡便的快餐廳到正式的主要餐廳，形形色色、不勝枚舉。到底要開哪些餐廳、要看每天的營業時間帶、氣候狀況。與餐飲有關的休閒活動節目，以及顧客的需要與方便而決定。

個別客人所需要的主要餐廳，其座位比例是每一客人需要0.6～0.75座位。參加開會的團體客比例爲1：1。至於簡便餐廳、快餐廳或健康餐酒吧，則按其所提供菜單和周轉率之如何有所不同。

豪華餐廳是每一座位佔32平方呎的面積，而宴會廳爲每一座位佔15平方呎。

簡言之，餐廳面積大小須視：一、菜單內容。二、服務方式。三、平均消費單價。四、規模之大小。五、烹飪技術。六、酒吧作業的配合。七、服務台之需要，以及八、餐飲推銷技巧等各種因素綜合起來加以判斷，才能作最後的決定。

第五節 休閒餐廳與酒吧

一、餐廳

(一) 豪華餐廳

豪華餐廳（luxury dining）提供歐式或特殊專門菜單，如法國式、義大利式或其他國際性菜餚。故需要更多餐具種類，更寬闊的廚房及貯存倉庫，也需要更大面積的餐廳空間和更專業化的服務員工。格調高雅、菜色精緻、服務細心，是代表性餐廳。

(二) 咖啡廳

咖啡廳（coffee shop）基本上供應早餐和簡便的午、晚餐，特別強調事先已準備好菜餚，讓顧客隨時可以點菜，方便兼合理價格。

(三) 健康快餐廳

健康快餐廳（juice bar or health snack bar）通常設在健康俱樂部附

近，只需要有限的調理場所及貯存餐具的地方，和小範圍的餐飲面積就可以營業，因爲越來越有很多人具有濃厚的健康意識，且對天然、清淡的飲食特別發生興趣，故發展潛力很大。

（四）速食餐廳

速食餐廳（fast food）其特色爲菜色較爲特選的限定項目，並以速食爲原則，一般設在靠近游泳池、高爾夫球場、網球場、滑雪場或其他體育活動等設備附近，如能設在商店街或住客以外的外客可利用的康樂場所，更能吸引當地居民惠顧利用而增加收益。

二、酒吧的種類

酒吧可大別爲三種基本型式。須視渡假旅客的年齡層、國籍、當地氣候、地理位置、旅館大小，以及其他因素才能決定要設立幾個酒吧。

（一）服務性酒吧

服務性酒吧（service bar）一般設在游泳池、網球場、高爾夫球場或其他顧客休閒活動地區附近，飲料和零食的種類，視酒吧設備，服務距離的遠近和顧客的需求再作決定。至於後台服務酒吧，雖然不直接與顧客接觸，對餐廳的整個作業非常重要。

（二）酒館或啤酒館

酒館或啤酒館（pubs & taverns）或德式地下室啤酒館（rathskeller）。強調輕鬆、舒適、友善的氣氛，提供簡單菜色，並有歌唱、通俗音樂、懷古電影、或點唱機等娛樂設備，供顧客選擇享樂。

（三）正式酒廊

正式酒廊（cocktail lounges）設備、裝潢較具豪華氣派，供應多種廣泛的飲料，包括：晚餐菜單，並提供娛樂性音樂演奏、舞台表演，或舞池，或電子琴演唱，或夜總會，或迪斯可舞等節目，視當地情況選擇顧客較需要的節目爲要。由於近幾年來，顧客不喜愛酒精強烈的飲料，飯店附設的酒吧不得不設法改變營業方針，極力創造魅力十足，無酒精的各種形形色色飲料和提高餐飲價值及促進顧客購買較高品質的飲料，以增加營收。

第六節 餐飲市場區隔

一、熱愛運動者：喜愛輕便午餐，應在育樂中心附近，提供快餐廳和健康飲料酒吧。

二、開會人士：快速早餐，會中休息時間的簡便茶點，或房內餐飲服務及自助餐。

三、銀髮族、小孩、節食者或其他特殊飲食者：除正餐廳的正式菜單外，應提供輔助菜單，以便提供特殊所需菜餚或其他健康飲食。

四、晚起的旅客或蜜月新婚夫妻或不按三餐時間用餐人士：應多利用二十四小時，全天候的房內餐飲服務、快餐廳或自動販賣機。

五、當地客因洽商或社交聯誼來用餐者：提供主餐廳或各種特色餐廳。

六、非本店住客或觀光客、參加會議或商務人士等可能利用各種不同料理的餐廳。

七、其他：因各種利用動機之不同，可按顧客需求安排供應各種特餐或套餐，以滿足個別的需要。

八、應付各種節慶：推出飯店特製的「主題」餐飲產品，及外帶、外賣和外燴也是未來休閒飯店餐飲市場的新趨勢。

第七節 菜單與健康飲食的演變

一、菜單的重要性

(一) 菜單是餐飲作業的藍圖。菜單的規劃應依據營業宗旨，行銷、管理、作業和餐飲等各項服務及設備而定。

（二）對餐飲部經理來說，菜單是餐飲部的產品總目錄。應該作爲採購、生產、配置人力及服務的依據，也是該部主要廣告的媒介及推銷工具，影響營業利潤甚鉅。

（三）菜單是餐廳的「主題」、「招牌」、「形象」、「品牌」和「信譽」。

（四）菜單也影響到決定儲存、準備、烹飪、生產、餐廳、洗餐具區等面積的大小。因此在籌備規劃休閒旅館階段，這些因素都必須預先愼重加以考慮。

（五）休閒旅館通常有各種型態不同的餐飲設備和餐廳，所以有各種不同形式的菜單內容。

（六）前來用餐顧客，各有不同動機，例如，1.當地人士。2.會議參與人士。3.團體人士。4.商務人士。5.個別人士等。所以應予以細分市場，規劃各種不同菜單，以應付各種顧客需求。

（七）爲避免長期住客感到菜單呆板單調，應採用輪流式菜單，較爲實用。比方住客的平均停留日爲七天，那麼多放寬二天，即九天。所以就製作每九天輪流的菜單。

二、健康食的演變

（一）一九七○年代

一方面採用新的材料配方，製作傳統的精巧美食，另一方面儘量減少高熱量的奶油和澱粉，製作節食保健的清淡飲食。即強調「革新」又「健美」的飲食。

（二）一九八○年代

更進一步使用更新鮮的天然原料，減低鹽份、熱量、膽固醇和脂肪，強調更清淡、更健康、更營養的飲食，即「重質，不重量」。有些餐廳根據市場現有的新鮮材料，隨時變更菜單，推出每日不同的菜餚吸引顧客。

(三) 一九九○年代

創造更富有幻想力、變化多端的美味飲食，特別強調以新鮮材料配合家鄉風味及當地文化色彩的餐食、主題是「關心顧客健康，保證材料新鮮」。

(四) 二○○○年代

利用傳統烹飪技藝，結合現代營養科技和觀賞美術，以自助餐方式，展現出多采多姿、五光十色本土風味和異國情調、色香味俱全的精緻美食。即秉持健康、保養又能遍嚐世界風味爲原則。

總之，健康、衛生、保健、養生、和回歸大自然的美食將是未來休閒餐飲發展的趨勢。

資料來源：墾丁福華大飯店提供

資料來源：墾丁凱撒大飯店提供

第3章　餐廳管理

第一節　餐廳經理的職責

第二節　成本及利潤問題

第三節　餐廳與其他單位之關係

第四節　組織系統

第五節　各項報表

第六節　統計資料

第七節　檢查督導

第八節　餐飲部職員簡介

第九節　餐飲帳單的管理

第十節　餐飲材料的採購管理

第一節 餐廳經理的職責

在飯店裡的餐廳負責人爲餐飲部經理，在獨立經營的餐廳，其組織型態亦大致與在飯店內者相近似。餐廳經理的職責很多，其負責督導之單位有：宴會業務、酒庫、酒吧、儲藏室、廚房、餐廳、宴會廳，對顧客的服務等等。另有外燴及野餐等業務。

尤其對採購、驗收、儲存、加工、服務等特別要嚴格管理。在實際情況下管理的責任要委託在各單位主管來執行，但最後的管理責任應歸在經理身上。經理不能祇坐在辦公室等候單位的工作報告，而應經常到各單位深入觀察，發現問題的所在，並尋求解決方法，協調各單位透過各單位主管來執行。

經理不必事事親自動手，但應徹底瞭解問題之所在及其解決方法，並應明察各單位人員之權責分擔。處處表現公正無私的態度。處處細心、當機立斷，爭取時效。

除了對專業知識以外，經理須知悉有關餐廳的各種法令及稅務問題。對廣告推廣應有充分認識，最後更應對各種公共關係能有充分把握。

營業金額的重要性，這是每一行業所共同的成敗關鍵。如營業額偏低，則應立即在經營上作有效的改變對策。

營業額偏低的原因可分爲下列八點來檢討：

一、價格偏高，不能與同業競爭。
二、菜色單調、無特色、不能吸引顧客。
三、菜的品質欠佳。
四、服務不好或不夠勤快。
五、不衛生。
六、餐廳裝潢單調、太差或太鬧。
七、地點欠佳，門口的方向不對或不夠醒目。
八、推廣工作不夠或變成反效果。

第二節 成本及利潤問題

薪資費用及食品成本爲餐廳經營上所應特別注意的成本控制項目。高的食品成本可能由下述各原因造成：不恰當的採購、浪費、過分生產、漏失、或定價太低。浪費是缺乏專業知識，不適當的菜色調配，督導管理失當，或員工訓練欠佳等原因所促成。員工應經常嚴加訓練，管理規則應明確製訂公告之，並嚴格要求徹底執行已訂規則。物品漏失可製訂控制制度加以管理。

在員工進出口應派有能確實負責任的人守衛，對員工攜帶物品應加以檢查，並對不屬於員工私人物品之攜帶憑主管簽發之放行條放行。對下腳、垃圾、毛巾之搬運應時加注意抽查。這些東西是私藏食品、酒類的最佳掩護。

一、營業損失原因之追查

飲料生意的利潤較高，往往是整個餐廳經營利益的決定所在。這種情況在觀光飯店尤爲明顯。普通餐廳則因無酒吧而須全力在餐食方面尋求利益。

觀光飯店內餐廳不能獲利可能是由於惡習之不能革除。較小型的觀光飯店盲目地模仿大型觀光飯店設有豪華的餐廳以滿足經營者的趣味是最愚蠢不過的事。

第三節 餐廳與其他單位之關係

餐廳的工作不能單獨而爲，要取得其他單位的協助才能完滿的達成任務。

會計單位負責資金的控制，對全店的帳務有關記錄員負有統計蒐集及管理的責任。因之，飲食稽查員應直屬會計主任而不應由餐廳直接管理。餐廳的收款員亦應如此。餐廳經理應與會計單位保持密切聯繫，經常注意各種成本的變動。

餐廳服務員應加強訓練注意顧客在帳單上的簽名，房號需要能看的清楚。領班或主任對非房客之簽帳要負責鑑別是否可靠。

餐廳的業務與客房部的業務有密切的關係。餐廳的清潔工作，房內飲食之處理，宴會之打掃工作等等要由清潔員來負責，電梯之控制使用要與客房部取得協調。

工務養護及營繕單位與餐廳也有密切的關係。例如，燈光或冷凍等設備之修理等等工作無不需要其支援。

第四節 組織系統

餐廳應備有明確的組織指揮系統圖，明白的劃分各單位的權責，每一職位更要備有職位說明書，規定每一人的職守工作內容。

在日常工作的實際作業應由各單位主管負責執行。每一員工應只對一個主管負責，只接受這個主管的命令，不可越級命令或向非本單位所屬員工下達命令。

餐廳本部門內可分爲總辦公室，即經理辨公室，負責協調其他所屬各單位業務，及業務推廣；廚房、樓面服務、宴會服務、餐器洗滌保管；宴會服務人員即可支援任何一個餐廳的宴會。在目前台灣的餐廳中員工薪金有由服務費抽成分配者。這種制度與固定薪制各有好處，但各單位人物之流通運用上，則較困難。

會計控制人員，此類人員有四：一、餐飲控制員。二、收款員。三、品質稽核員。四、物品驗收員。餐飲控制員負責採購、入庫、領用、儲存、營業分析、食品成本計算等會計工作。其主要作用在提供經理有關經營上之數字分析資料，以作決策之依據。收款員之職責爲收取顧客應付現金及簽帳並分別發給統一發票及將簽帳單送櫃臺登帳或交給一般帳戶經辦登帳。稽核員之職務在於核對傳票上之記錄與實際端出之飲料或食品是否相符，品質是否劃一等。

宴會部經理之職務

sample job description for a catering director

basic function

To service all phases of group meeting/banquet functions; coordinate these activities on a daily basis; assist clients in program planning and menu selection;solicit local group catering business.

general responsibility

To maintain the services and reputation of Doubletree and act as a management representative to group clients.

specific responsibilities.

- To maintain the function book. Coordinate the booking of all meetiong space with the sales office.
- To solicit local food and beverage functions.
- To coordinate with all group meeting/banquet planners their specific group requirements with the services and facilities offered.
- To confirm all details relative to group functions with meeting/banquet planners.
- To distribute to the necessary hotel departments detailed information relative to group activities.
- To supervise and coordinate all phases of catering, hiring, and trainingprograms.
- To assist the banquet manager in supervising and coordinating meeting/banquet setups and service.
- To assist in menu planning, preparation, and pricing.
- To assist in referrals to the sales department and in booking group activities
- To set up and maintain catering files.
- To be responsive to group requests/needs while in the hotel.
- To work toward achieving Annual Plan figures relating to the catering de-partment (revenues, labor percentages, average checks, covers, etc.)
- To handle all scheduling and coverage for the servicing of catering functions.

organizational relationship and authority

Is directly responsible and accountable to the food and beverage manager. Responsible for coordination with catering service personnel, the kitchen, and accounting.

第五節 各項報表

一、餐飲成本日報

餐飲成本計算應在中午以前完成一日的成本計算，這祇是一種概算不能完全正確的表示實際成本，但其累計數準確性亦高，可表示成本變動的方向，而可做經營上的參考。

二、薪資費用日報

薪資日報應以實際工作人工數及時間爲準，以便與過去的資料及預計資料做比較，這種日報可使單位主管對人工之運用，如固定工與臨時工、加班等之運用提高警覺。

三、菜色份量分析

對一樣菜的每日實際銷售量應做統計以供修正菜單之依據。這工作可由稽核員或收款員來做。

四、專案研究

營業額或成本如有顯著的變動，應由經理召集專案研究小組來研討其原因及對策。小組可由經理、主廚、主任、會計主任或餐飲控制員組成。

五、行政及總務費用

此項費用在觀光飯店因無法明確劃歸給各營業部門而常被遺忘。在飯店的二項主要收入來源爲餐飲及客房，行政及總務費用乃應由此二部門負擔。

這項費用可因下列各種原因而增加：

（一）應修理的小破損未及時報修，例如，水龍頭漏水等。
（二）洗碗工之不良習慣在工作時任使自來水流溢。
（三）員工廁所內用品之浪費。
（四）洗碗機之水龍頭未在加水後關妥。
（五）冷氣冷卻用水未能完全使用而有浪費。
（六）不需點燃的電燈未關熄。
（七）動力機械在不用時未關閉。
（八）冷凍庫、冰箱、保溫器、保溫蒸氣台等的門或蓋子沒關好。
（九）器具機械的不適當使用。

第六節 統計資料

一、餐飲成本

如過高即表示採購不當，材料之浪費，儲藏不當而引起的耗損、竊漏、生產過剩，成本如過低即表示份量及品質太低。如此顧客即得不到滿足，進而營業量減少。

二、顧客人數統計

顧客人數受住客人數及餐廳容量的影響。在獨立經營的餐廳，則祇有與後者因素有關。如顧客人數不與上述因素發生關聯，則應檢討推廣政策，菜色的選擇等等因素。

三、薪資支出

應將薪資費用與營業額作百分比比較，較高的百分比表示應減少人員，薪資報表表示每月用人人數及各單位人力配備。

四、利潤

應儘量將飲料及餐食部門的利潤明白分開以避免隱藏餐食部門之損失。

在觀光飯店的營業報告表外，應附帶報告行政與總務費用，以便提高有關人員之警覺。因經營不善而來的費用不能使其隱藏在行政及總務費用。這些費用應可明白分開表示。

第七節 檢查督導

檢查單內之各項目應記入檢查日期及情況。

一、突擊檢查驗收程序。
二、市場調查。
三、儲藏室抽查。
四、餐廳檢查。
五、酒庫檢查。
六、宴會服務抽查。
七、衛生檢查。
八、酒吧服務抽查。
九、店內業務推廣檢查。
十、冷凍庫檢查。
十一、營業時間外保溫台檢查。
十二、安全檢查。

以上爲基本檢查表，其他應依營業需要而增加檢查單。

定期檢討：每一單位，無論其成績如何均應舉行業務檢討，以求改進。

Rose Rose Opening Check List

月　　日　　　年

檢查項目	完成	未完成	備註
是否已開燈			
是否已開冷氣			
桌面是否已插拭完畢			
工作檯備品是否已排列整齊，準備齊全			
桌椅是否排列整齊			
燈光檢查含吧檯燈光			
桌花是否已擺設整齊			
桌面設定是否齊全及排列整齊			
音樂是否撥放正常			
地板是否乾淨			
電腦是否已開啓			
小菜數量是否足夠，是否已裝盤			
小菜準備區是否已排列整齊			
是否已開啓空氣清靜機			

檢查人:　　　　　　　　　　　　複查幹部:

Rose Rose Closing Check List

檢查項目	完成	未完成	備註
燈光是否已關閉			
是否已關閉冷氣			
桌面是否已插拭完畢			
桌椅是否已歸定位			
燈光檢查含吧檯燈光			
音樂開關是否已關閉			
小菜盤皿是否已清洗乾淨			
工作檯是否已清理乾淨並擺放整齊			
煙灰缸及帳單盅是否已收回工作檯			
是否以吸地毯			
空氣清靜機是否已關閉			
檢查備品數量是否足夠並開立領料單			
是否需要開立請修單			
是否結帳完畢並關閉電腦			
樂器是否已盤點完畢			
DJ 室燈光及音響是否已關閉			
托盤是否清洗晾乾			

檢查人:　　　　　　　　　　　　複查幹部:

資料來源：台南大億麗緻酒店提供

Hostess Opening Check List

1.查看訂位簿,及擺設訂位牌.			
2.打電話跟客人確認時間與人數.			
3.整理領檯櫃.			
4.檢查周圍環境整潔			
5.告知外場訂位狀況			
6.詢問吧台是否有任何產品的異動或更新			

Hostess Closing Check List

1.確認明天訂位			
2.整理領台櫃			
3.整理展示用品			
4.收海報			

資料來源：台南大億麗緻酒店提供

能源檢查日誌（B1）

_____月

範圍	電源								水源水龍頭							魚缸			瓦斯					冰箱	
日期 日	切片機	幕斯機	真空機	抽風機	蒸烤箱	烤箱	攪拌機	冷氣開關	肉房	海鮮房	蔬菜房	熱灶	西點房	蒸汽鍋	高壓清洗機	水溫	電源	水質	烤鴨爐	烤乳豬爐	爐灶	二口爐	總開關	上鎖	溫度
1																									
2																									
3																									
4																									
5																									
6																									
7																									
8																									
9																									
10																									
11																									
12																									
13																									
14																									
15																									
16																									
17																									
18																									
19																									
20																									
21																									
22																									
23																									
24																									
25																									
26																									
27																									
28																									
29																									
30																									
31																									

備註:合標準V　不合標準X　　部門主管:_______________

資料來源：台北長榮桂冠酒店提供

清潔檢查日誌（2F）

＿＿＿月

範圍	天花板			機器							出菜檯				冰箱		
日期 日	燈罩	通風口	天花板	粉腸機	三用烤箱	烤吐司機	切片機	攪拌機	蒸箱	慕斯機	電飯鍋	檯面	保溫水槽	保溫燈	微波爐	冷凍冰箱	冷冷藏冰箱	工作檯冰箱
1																		
2																		
3																		
4																		
5																		
6																		
7																		
8																		
9																		
10																		
11																		
12																		
13																		
14																		
15																		
16																		
17																		
18																		
19																		
20																		
21																		
22																		
23																		
24																		
25																		
26																		
27																		
28																		
29																		
30																		
31																		

備註：合標準 V　　不合標準 X　　　　　檢 查 人：＿＿＿＿＿＿＿＿

部門主管：＿＿＿＿＿＿＿＿

資料來源：台北長榮桂冠酒店提供

第八節 餐飲部職員簡介

一、點心麵包師 baker。

二、調酒員 bartender。

三、餐廳練習生 bus boy。

四、餐廳服務員 waiter/waiteress。

五、助理服務員 commis de rang（法式）。

六、正服務員 chef de rang（法式）。

七、洗碟員 dish washer。

八、廚房清潔員 utility man。

九、食品管理員 pantry man。

十、領班 captain或assistant headwaiter。

十一、督導或領檯員 hostess。

十二、個別餐廳經理 restaurant manager。

十三、宴會廳經理 ma'tre d'hotel（法式）。

十四、宴會廳或餐廳經理 catering manager。

十五、餐飲部經理 director of food & beverage。

十六、餐務主任 chief steward。

十七、宴會經理 banquet manager。

十八、執行主廚 executive chef。

十九、副主廚 sous chef。

各種酒吧名稱

（一）傳統酒吧 cabaret bar 。
（二）高樓或頂樓酒吧 sky lounge bar 。
（三）大廳酒吧 lobby bar 。
（四）酒廊 cocktail lounge 。
（五）爲團體臨時設的付現酒吧 cash bar/cod bar/a-la-carte-bar。
（六）事先已由主辦單位付畢，故使用飲料票 paid bar 。
（七）由主辦單位事先付錢，用來招待客人 host bar/open bar 。
（八）酒廊 bar lounge 。
（九）交際酒廊 social lounge 。
（十）商務客專用酒廊 working lounge/business lounge。
（十一）客房內小型酒吧 mini bar 。
（十二）酒吧台，由調酒師服務 front bar 。
（十三）由服務生服務 service bar 。
（十四）客房內小型酒吧 frigo bar/mini bar。
（十五）開胃酒吧 aperitif bar。
（十六）如接待團體或宴會時特設的酒吧 special purpose bar。
（十七）放影體育新聞的酒吧 sport bar。
（十八）空中機內活動酒吧 bar trolley 。
（十九）出售咖啡及冷飲的酒吧 coffee bar 。
（二十）海鮮及白酒酒吧 oyster bar 。
（二十一）三明治酒吧 sandwich bar 。
（二十二）簡便餐廳 snack bar 。
（二十三）套房內酒吧 wet bar 。
（二十四）跳disco舞酒吧 disco bar。

餐飲部經理之職務

Specific Job Duties

Inspects work of kitchen and dining room employees.

Consult with chef concerning daily menus.

Adjusts guest complaints concerning service or quality of food.

Sees that service is technically correct, efficient and courteous.

Makes arrangements, with guests for conventions, dances, reception and other social occasions.

Obtains information from guest concerning number of persons expected, decorations, music, entertainment, etc.

Analyzes the occasion and informs guest of suitable services available.

Decides on and quotes prices for social occasions.

Forwards necessary information to chef and other employees concerned with social occasions.

Decides on table arrangements for social occasions.

Decides on food service schedule for social occasions.

Inspects completed arrangements for social occasions.

Supervises service at social occasions.

Promotes social functions such as luncheons, dinners. dances etc.

Supervises food and beverage preparation and serving.

Assigns prices to items on menus.

Orders special food items for banquets or dinners, such as cakes, nuts and wines.

Prepares menu and instruction sheets for each banquet or party.

Consults with manager on daily menus and turns them over to the chef and employees.

Contacts entertainment groups to entertain at banquets, conventionsand parties.

Seeks out local business.

Sets up and lives within a promotion budget.

Develops and uses diagrams for selling public space for banquets, conventions etc.

Works closely with sales manager in developing plans and accommodation for conventions.

Supervises training of restaurant and public space personnel.

Designs menus.

Schedules and develops employee training sessions.

Supervises room service.

Keeps informed of changes in food costs.

Sets up personnel budget plans for kitchen and dining service.

Confirms reservations for banquets, parties, etc.

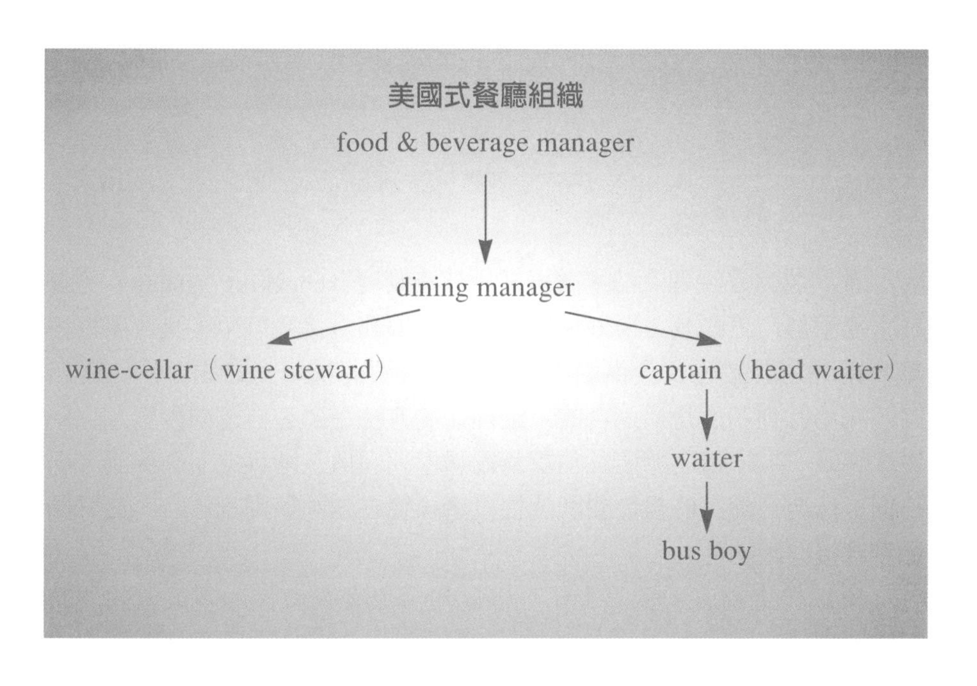
美國式餐廳組織
food & beverage manager
dining manager
wine-cellar（wine steward）
captain（head waiter）
waiter
bus boy

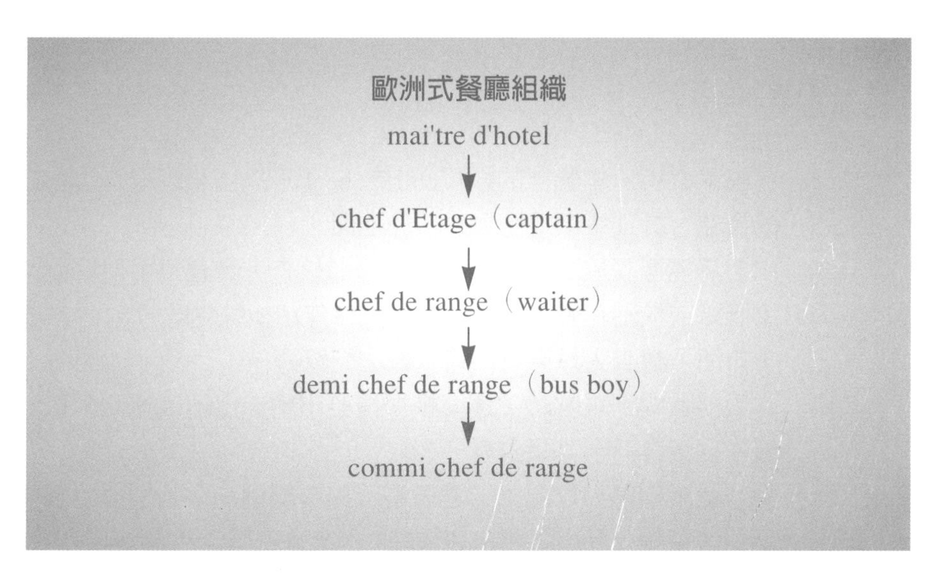
歐洲式餐廳組織
mai'tre d'hotel
chef d'Etage（captain）
chef de range（waiter）
demi chef de range（bus boy）
commi chef de range

第九節 餐飲帳單的管理

一、核查制度

餐飲收款之管理方法，普通採用核查制度（checking system）應以在下述情形，更顯其必要性。即由同一個服務員接受訂菜，又要塡寫訂單，同時還要搬運餐食供給顧客，最後又要將帳單交給顧客換取現款時，採用此種制度是最適合的，最理想的方法是顧客自己向餐廳之出納直接付帳，但一流的飯店往往認爲經過服務員收款才算是服務周到。另一面，像今日流行的自助餐式或快餐廳，實在無法個別記帳時，最好請顧客直接向出納付款較爲妥當。

所以核查制度，實際上，只能適用於服務員直接向客人收款的時候。

二、核查程序與方法

一般餐館所採用之順序如下：

（一）服務員備有一本聯號的帳單chit或check，以便記錄所有出售的金額，訂正事項或變更事項於上面。

（二）由廚房運搬餐飲到餐廳時，必須經過核查人員查對，他可使用圖章或機器在帳單上記入價錢，俾無法塗抹更改。

（三）一方面，核查人員備有出售餐飲之記錄簿。

（四）當服務員收到現款時，連同帳單提給出納，出納根據此帳單製作餐廳會計出售報告表。

（五）每一帳單都應加以記錄，連同帳單提給出納，出納根據此帳單製作餐廳會計出售報告表。

（六）帳單內之記錄與計算有無錯誤，均可拿來與核查人員所作成之出售記錄互相核對。

因此，各種核查制度之不同，應基於服務員在帳單內記入價錢的方法或核查的出售記錄樣式之不同而有所差別罷了。

核查制度，大別之有三種方法：

（一）在服務員的帳單上與核查人員的記錄單兩張上面，由核查人員蓋上表明價格的騎縫印。

（二）服務員複寫兩張帳單，由核查人員蓋上價錢印章後，第一聯送出納，第二聯由核查人員當做出售記錄之用。

（三）利用checking機器，將服務員的帳單插入機器內，自動打上價格，另一面，接器內部裝有紙條，印有菜名及價格。該紙條即成爲核查人員的出售記錄，同時該紙條上面的金額可利用機器自動合計起來。目前美國採用此種機器最爲普遍，故願將此法介紹給各位讀者參考。

1.服務員之帳單：有時稱爲waiters check，rest check，chits，bill等等，按旅館之情形而有不同，但不管如何稱法，其必須具備以下三個要素：

（1）旅館名稱、帳單號碼、及服務員編號等必須預先印在帳單上且印有客數、餐桌號碼。

（2）帳單分爲三欄，即餐食數、餐食名稱、及金額。

（3）帳單的下聯印有帳單號碼及服務員號碼以及總金額，只要按點線一撕，可以與上聯分離。下聯稱爲stab或waiters receipt。

除以上三要素外，最好使用薄紙，萬一偷改或塗改，可以隨時看出筆跡或痕跡。並應以顏色來分別各種不同的餐廳。

2.服務員帳單之發行：核查員應查明交給服務員之帳單數目。當核查員向稽核室領用帳單時必須塡寫「領用帳單申請書」checkers requisition to auditor申請書複寫二份，正本由稽核室抽存，副本存於核查員的地方。服務員上班時，每人分給他們二十五張帳單。按各人的服務能力發給張數，服務員收到帳單時必須在簽名簿簽收。該簽名簿分爲正副兩本。正本由稽核存查，副本由核查人員保存，簽名簿上有服務員號碼，及發給服務員帳單之最初號碼及最後號瑪。下班後未使用完之帳單由服務員退還核查人員。此時，應將最後剩下的帳單號碼記入Closing No.一欄內以明責任。然後，再由核查人員將未使用完而收回之帳單連同簽名簿正本交回稽核室。

3.核查機器：如因機器打錯金額或某些原因，客人退還餐食時，可利用機器在帳單金額上打上「取消」字樣，並將取消之金額打在帳單背面。這樣機器將自動地會調整總數。核查機器通常放在廚房通往餐廳之中途，核查人員的桌上。服務員可將餐食放於桌上讓核查人員核查。服務員在接受訂菜時，將菜名、份數、人數記於帳單上，然後將帳單帶去廚房接受餐食，放於服務盤上端去核查人員處，將帳單交給核查人員，由核查人員插入機器內核對菜名，及金額後交還服務員。如因某些理由，要修改時（前面已述）核查人員必須在「取消報告書」記明服務員號碼、帳單號碼、理由及取消金額。採用此種機器，必須雇用具有高度工作能力的核查人員，否則將影響服務之速度。

三、服務員的責任

服務員服務客人後，在帳單上既已註明菜名，且金額亦經機器打上，故現在要去餐廳會計或核查人員處請他們在帳單上記入總金額（用紅鉛筆最好）。

爲避免服務員作弊，服務員之帳單總計，應由核查人員或會計來計算，並用紅字或機器打上數字以防塗改。

同時，在帳單上註明：「請按紅字總計支付」。服務員收款後，連同帳單拿去會計，然後由會計在帳單上蓋章表示收訖。同時將下一聯waiters receipt撕下交給服務員，這樣，服務員對核帳單所負責任算已盡了。但服務員須將下一聯保存三天，以便隨時由稽核員查閱。

如支付現款的客人要求收據時，可由會計將現款放入機器內，自動地由機器打出收據來。

如係賒帳，請客人在服務員帳單塡明房號及簽名，然後蓋上「賒帳」charge 字樣轉去櫃台出納，

四、餐廳會計

會計將帳單下一聯交給服務員後，就要對所收帳單及現款負責。

餐廳會計直屬收入稽核室或會計課。收到現款時應蓋「收訖」章，賒帳時應蓋「賒帳」章。該圖章應刻有日期及會計收款人姓名。以印泥的顏色來區別。如紅色爲現款，藍色爲賒帳，餐廳會計報告書所包括項目如下：服務員號碼、帳單號碼、客人人數、餐食金額、飲料金額、香煙錢、合計金額、房間號碼、顧客姓名、現金收入等，最基本之十項目。

此外，稅金、服務費、小費等視各飯店之需要而增加。會計由服務員接來的帳單，應將每一項目轉入報告書內。

尤其是賒帳之帳單，應儘快將其轉入報告書內，以便送去櫃檯出納處理。

餐廳會計在餐廳關門後，應將報告書內的金額算出總計以便結帳。然後連同支付現款的帳單送去收入稽核室（有時須經過櫃台出納或夜間稽核員提出）。

至於現款，應另做現金報告書送去出納入款。

第十節 餐飲材料的採購管理

在旅館經營活動裏負責採購消費材料者爲採購組。

視規模的大小，有的採購組也兼辦倉庫管理業務，以便保管物品及請領物品等工作，但仍以採購物品爲其主要業務。因之，採購組可謂事務管理之中心。

一、餐飲材料的採購及管理

(一) 訂貨

凡要交給主廚所管理的冷凍倉庫之材料，應根據主廚所提出之請購單訂貨。請購單應根據廚房內冷凍倉庫或主廚所管的補助冷凍倉庫內材料的數量，並按預定消費日數而作成。

至於保管在倉庫內的材料、主食、酒、啤酒、雜糧、調味品及其他物品則應根據預約及庫存去採購。雖然視旅館之立地條件，情形有所不同，但至少應以五天至十天的存庫量爲標準去採購。不過價格漲落不定之材料，或由於大批採購價格低廉的物品，應即時把握時機採購。

依旅館規模的大小，負責訂貨者亦有所不同。實際訂貨者與製發訂貨單者，同一人亦可。惟應避免由主廚辦理。

訂貨單應複寫二份。即使用電話或口頭訂貨事後亦應有訂貨單爲憑據。

交貨單可作成三聯。第一聯爲採購單，第二聯爲請款單，第三聯則爲交貨單副本。然後將這些表單存放於交貨廠商。如此，不但可節省人工，亦可簡化事務。

交貨廠商在交貨時，只要記入貨名、數量、單價，並在交貨時，附上採購單即可，到了月底再提出請款單請款。

(二) 驗收及事務處理

採購單位可將採購單當做交貨單併用，並將訂貨單的副本與採購單核對，以便確認有無多交或不足數量，而且按採購單確認重量、數量、破損、品質等項，然後在採購單上蓋章。如果係直接交給主廚管理下的冷凍倉庫物品，應請主廚蓋章。

主廚爲烹飪之參考，經常備有物品價格手冊，應將採購價格記入此冊內。

賒帳購貨時。應將採購單，分別製作轉帳傳票，記入採購商戶總帳內，並在傳票與總帳上蓋印。

現金採購時，在三張複寫的採購單上記入貨名、數量、單價、金額。備考欄內可記入交貨人姓名。在一天終了時，將賒帳購貨單與現金購貨單裝訂成冊，並將日計表附於上面，分別記入總計。大科目可分爲烹調材料費，小科目則又可分爲蔬菜、魚、肉類、加工品等，各按其種別轉記於種別補助帳內，到了月底，製成烹調材料費的種別月計，以爲將來舉行菜單會議，檢討用於菜單之種種材料，在購買當時之市場價格，是否高昂或便宜。

（三）保管

在大規模的旅館裏，諸如：鮮魚、蔬菜、肉類及其他加工品，必須保管於冷凍庫的材料，應在倉庫保管單位設立冷凍庫，存放於內。同時必須根據以每天的菜單及住宿人員爲基準的出庫傳票申請出庫。至於中小型旅館，這些材料，一採購進來就可存放於廚房內或附近設立之冷凍庫，直接由主廚加以保管。

（四）出庫

出庫時，由廚房、酒吧、餐廳各單位提出出庫申請單，並根據負責者蓋印之出庫傳票出庫，應按類別集計，在一日之終了，記入於在庫物品臺帳內。根據差額經常與在庫物品的數量核對。中型以下的經營。則可按不同貨品項目所集計的出庫傳票，月計與月底的存貨彼此核對。這樣就可不必記入在庫品臺帳內。如由節省人工這一點上著想，確有其效果。

另一方面，在出庫傳票內記入出庫材料之價格，分別單位，予以合計，然後記入各單位之材料消費額帳內。

如此由這個月計表可以明確看出各單位直接消費之金額，並可當作各單位部門計算或各單位成本管理之資料。

第4章 餐飲管理

第一節 管理的目的

第二節 採購

第三節 驗收

第四節 儲存

第五節 發貨

第六節 加工烹調

第七節 銷售

第八節 飲料管理

第九節 食品衛生

第一節 管理的目的

「食物及飲料」部門關係整個旅館之財務收入甚鉅，如不善於做合理的控制，勢必造成增加成本，甚至於虧損。這一部門應由餐飲部經理負全責控制、調節及決定食品的採購、儲備及調製的方法。茲將廚房作業說明如下：

廚房內於肉類及蔬菜等經過處理清淨之後，乃進入烹調製作程序，此時應由餐飲部經理決定菜類的烹調及製作方法並予以嚴密管理控制。因爲食物的損失，亦就金錢的損失。在烹調過程以後，即出菜至餐廳部服務員手中而立刻送到顧客面前，出菜以後次一步就是服務員從客人處收到帳款後，送到會計人員處，以避免其中有所漏洞，循私舞弊，中飽私囊。

爲避免增加成本，必須減少浪費及其他可能的損失至最低限度，而又不致影響到食物的品質及數量，進而烹製高級品種及低價格的菜單而得到相當利潤。

我們先討論關於菜單的製作。我們每天祇要提出一、二種定菜，以客飯方式，在菜單中主菜只列五、六種，或兩種湯可以供客人選擇，尾菜點心也只有一、二種。我們可以依此準則準備少量蔬菜，使不致增加儲存的困難，減少損耗。例如，魚都是難於保持新鮮而且容易腐壞的食物，如義大利麵我們通常都不準備，因烹調此麵須加上肉汁等物，假如今天無人點此食物，麵雖可以保存，但肉汁卻不能存放，必須拋棄，這種損失，無形中增加了一般食物的成本，所以任何大飯店，每天只照菜單準備指定的三、五樣菜品，如此就可以避免浪費，減低成本而能提供價格低廉，最高品質的菜品，並且可以得到相當的利潤。

有效的控制制度可以達到以下的四種目的：

一、減少浪費來保持食物最低的成本，且提供最好的質量。

二、可以擬定出最受歡迎的菜單。

三、可以改進菜品的品質。

四、可以最低的價格，得到相當的利潤。

爲了施行有效的計畫及管理制度，首先要製定一個例行的程序及標準的步驟。這種控制程序，必須是循環的。我們可將這種程序分爲三項：

一、計畫：著重在預計菜品的提供以避免浪費。

二、比較：與其他飯店交換資料比較。

三、改進：應經常檢討，即時改進，並衡量其效果。

這三種程序並沒有時間性，必須是不斷的繼續實行，才能奏效。

何謂標準？

第一、購買菜餚的標準。

第二、菜品配量的標準。

第三、標準的烹調菜譜。

所有標準應由經理來決定，而不是主廚所能決定的。

關於採購的標準，應採取下列步驟：

採購→驗收→儲存→發貨→烹調前的準備（肉類的切割、蔬菜切洗等）一定量分配準備（烹、煎、冷菜之調製）→出菜→結帳。

現在分別就各步驟分述如下：

第二節 採購

在採購方面除非有極稱職精明的人員及方法，否則無法採購良好的品質和低廉的價格。

採購員必須能分辨物品的品種、優劣及價格的漲落，須知物品的季節，食物是否合乎飯店的需要，物品儲存的情況，儲存的有效時間及適當溫度等。

辨別各種食品的分類，就牌子、容量、重量等。至於種類，仍由經理決定，並應瞭解各種食物烹調後收縮情況，此外採購員必須具備良好品德操守，否則一切的制度方法都將成爲紙上談兵。

至於品種的決定，就是根據預定菜單及經營財務狀況而定。有效的採購方法，及步驟是：

一、調查幾家蔬菜商的價格，比較哪一家最合理。
二、抽查採購的物品是否合乎要求。
三、比較價格，各飯店之間應互相查詢物品採購的價格。
四、分析我們所花的錢是否值得。

經理可隨時到廚房或倉庫巡視以明瞭實情。

第三節 驗收

食物驗收的目的就是要確實知道所採購的食物及其價格是否合乎要求。換言之，驗收人員必須驗查其價格、品質等，所以除非該驗收員對貨物的辨別甚爲熟悉，否則就無法擔任此一任務。這種驗收員並不固定某種人員，廚子或經理等都可以擔任，驗收時，應打開箱子逐一查收，並記載品種、採購日期、重量等於帳上，並在物件上訂上標籤，記載：一、售貨處。二、收貨日期。三、重量。四、價格。如購進幾大塊肉，每塊肉上都須附上標籤，特別是肉類儲存的時間，久暫於烹飪有密切關係，所以標籤對於食物的管理，提供三種有價值的資料：

一、記有購買時的價格。
二、記有購買的時間，避免其儲存過久而未加使用。
三、記帳時之便利，食物記帳有明確的資料以一目了然，不必常常盤查存貨。

第四節 儲存

儲存的主要目的就是要保存足夠的食物，以減少食物因腐壞或被偷盜而招致的損失至最低的限度。也可以因有優良的儲存設備，而能在某種食物最低價格時，作適時的預先購存，以減低我們的食物成本，增加利潤。

為要達成此項目的，必須要有足夠的冷藏、儲存設備，對於冷藏箱庫的設備中最重要的一項是鎖。每個大小冷凍都應有良好堅固的鎖，沒有鎖就等於大開庫門任何人都可以隨便取用。更重要的是管鎖匙的人選，必須是誠實可靠。

雖然有了各種冷凍冷藏及乾燥儲存倉庫，但仍有食物因儲存的不適當而遭到損壞，這種原因不外是：

一、不適當的溫度。
二、儲藏的時間不適當，不作輪流調用。我們常常把食物大量的堆存，當取用時就在表面，或由外面逐漸的取用，因此常常致使某項物品堆存數月，甚或更久而未取用。因此變質以致不能使用，所以前面所說明每件物品必須註明日期、價格，在取用時，可不必翻閱查尋原冊，帳簿，即可按期先後使用。
三、儲藏時堆塞過緊，空氣不流通，堆存物時應中間留空隙，使空氣循環流通，不要密密堆疊，而使物品有不必要的損壞。
四、儲藏食物時未作適當的分類，有些食物本身氣味外洩，若與他種食物堆放一起，很容易使他種食物感染到異味而變質。

五、缺乏清淨措施，各種倉庫，塵埃要經常清洗乾淨，不使有污物堆積而使食物損壞。

六、儲存時間的延誤，在物品購進後，應即時分別將易腐爛之食物儘速放入冷藏或冷凍庫，如魚肉蔬菜，罐頭食品等，應先處理魚肉，其次蔬菜，最後罐頭食品，以免延誤時間，致使蔬菜已經開始腐爛時再存入。

第五節 發貨

食物的配發應僅根據請領單，而且食物配發應每日登帳。

一、標準的釐訂

菜單上通常供應六道菜，（一）副菜；（二）主菜；（三）蔬菜；（四）沙拉涼菜；（五）甜點；（六）飲料。每種菜都應有定量，如湯類應有多少東西，都有一定數量，主菜的一塊肉應有一定的重量，嚴格分量的規定，不僅保障我們的利潤，而且亦是給予顧客所付代價而應得公允的保證。

二、標準的食譜—配菜調製的配方

標準的食譜就是配菜的方程式，有定量的品質的配合，廚房才能依照規定的質量作出規格的菜品。

這種標準的食譜的功用是：（一）幫助決定菜品的價格；（二）易於計算菜品的成本；（三）可使菜品烹調保持常態，不致因廚師之不同而變質。標準的食譜就是寫出的一種實際執行方程式，而不是憑想像作出的公式。

有了標準的食譜，採購食物就可有定量的限制，甚至於尚可以計算出標準的菜類收縮量，這些都是餐廳的基礎，也是菜品成本的依據。

此外我們可以（一）計算準確的出售菜品；（二）記載菜市場的價

格；（三）依售出菜品的價格，逐漸的作出統計，以作將來我們製定菜單的依據。

飯店一般的通病是無人知道確實食物的成本，僅是知道一個大概的百分比而已。因此也無法作確切的控制，我們應該經常徵求工作同仁的意見，以爲改進。其步驟如下：

（一）使大家明瞭我們的目的所在，如要採取新辦法，必先告訴大家，否則必會使大家互相猜疑而人心不安，影響工作。
（二）擬定改進的計畫。
（三）收集各種資料，售出的菜品種類等。
（四）分析資料。
（五）瞭解資料。
（六）研究可行的辦法。
（七）選擇最好的辦法。
（八）採取建議的改進辦法。
（九）立即行動，並衡量其效果。

第六節 加工烹調

一、制定廚房生產計畫

應根據業務量的預測，由主廚制定每天菜餚的生產計畫，即估計各種菜餚的生產數量和供應份數，據而決定每天應領取的原料數量。

二、實行切割烹飪試算

爲避免浪費原料，試算可以明瞭各種原料的出料率，據而制定各種原料的切割，烹飪損耗所能允許的程度。

三、確保菜式份量標準

切配菜餚原料一定要按照菜譜所規定的投料量實行，並使用稱具、量具。成品也要按規定份量裝盤。按照標準的食品配方和菜式量作業，不但能控制食品成本也能保證菜式的品質。

認識餐飲成本控制的四個基準：

一、採購基準

採購基準（purchasing specification）原料的採購有統一的品質、重量、大小、等級、品牌，和用途等規定。所以在請購的時候必須要講明要哪一種規格和定價，才能控制成本。

二、標準得利

標準得利（standard yield）當我們買進餐食用料有二種形狀。一種是買進來就可以直接下鍋烹飪的蔬菜。另一種是必須先經過處理加工後才能烹飪的。如肉類要取掉骨頭，內臟等不用的部分。所以有一定的損失率和可用率。所謂「標準得利」就是：

$$\text{標準得利}=\frac{\text{淨料重量}}{\text{毛料重量}}\times 100\%$$

例如，一隻雞重1.40公斤，去掉血、毛、內臟後，重0.98公斤，即：

$$\text{標準得利}=\frac{0.98}{1.40}\times 100\%=70$$

如果一共進貨40公斤，每公斤價格3.20元，其淨料爲：

$$40 \times 70\% = 28\text{公斤}$$

每公斤淨料成本爲：

$$\frac{3.20 \times 40}{28} = 4.58\text{元} \quad \text{或} \quad \frac{3.20}{70} = 4.58\text{元}$$

如果食品淨料低於標準量，或淨料成本超過標準，必定是採購、驗收方面沒有好好控制或加工損耗太大。

各種食品處理方式不同，原料質量也不同，所以每單位數量原料中獲得的淨原料量也不同。因此，飯店應該爲常用原料確定「標準得利」以控制食品的加工、採購和驗收的品質。

有些材料經過處理、烹飪後，其價值反而比未經分割處理前增加若干倍，即稱爲成本因子（cost factor），其計算公式如下：

（一）$\dfrac{\text{每公斤加工後淨料單價}}{\text{每公斤加工前粗料單價}} = \text{成本因子}$

（二）每公斤加工前粗料單價×成本因子＝每公斤加工後淨料單價

（三）$\dfrac{\text{每公斤加工後淨料單價}}{\text{每公斤作成幾人份}} = \text{每人份的成本}$

（四）$\dfrac{\text{每一人份的成本}}{\text{標準成本率（food cost）}} = \text{每人份的售價（即菜單上的價格）}$

餐飲部應確定各種常用原料的「標準成本因子」，以便能控制「標準得利」。爲了提高標準得利，應嚴格按照規定的操作程序和要求進行食品加工。

三、標準食譜

標準食譜（standard recipe）如果把廚房當作是工廠，那麼，菜單就是廚房的生產計畫書，而食譜就是用來控制生產的規格表。食譜最好能用五至六吋寬八吋長的卡片建檔，每張記載每一種菜餚的材料種類、數量或重量、烹飪方法、溫度、時間、成本、一人份的份量等訂定其標準。卡片表面再加透明塑膠套加以保護，也可用不同顏色的卡片，來分別不同的菜單項目。

四、標準份量

標準份量（standard portion）所謂標準份量就是將烹飪好的菜餚要在上菜給客人之前必須使用定量、定重的容器裝上，以確保每份菜餚的份量標準化。

第七節 銷售

影響餐飲成本的另一個主要因素是銷售。如能致力推銷宴會生意必能提高餐飲部毛利額，而餐飲服務員，如能加強訓練其推銷技巧，主動地積極推銷高價餐飲料，因毛利大，自然也會提高經營效益。銷售過程中，嚴格控制服務員要按規定開立點菜單、取菜、收款、明確交接手續、防止漏記、漏算、漏收等差錯並防止顧客逃帳及服務員的舞弊。

第八節 飲料管理

飲料的管制雖然比較簡單，但我們也應該與食物同樣要有一套管制方法。普通我們的酒瓶打開後總是因噴出而漏掉一些，這些漏掉部分，都是無法計算也無法查出的，所以我們管理酒料也有幾種標準方法：

一、標準的酒瓶暗記制度。

二、標準的斟酒量。

三、標準的配酒方法，這種方法須由經理同意決定，因為各種配酒法很多，經理應採取味道可口而成本低的一種方式，不能任由調酒人員隨意配製。

四、標準的容酒器，應指定一種容酒器皿。這就有很大的差別，如以冰塊而言，冰塊大小不同，而且形狀不同，大而無中空的冰塊放在酒杯內，我們斟酒入內，酒的需用量少而顯得多，否則需用量即較大。

五、標準的儲酒方法，我們通常發酒至酒吧，有的以瓶計算，或以酒的成本計算或以酒的售價計算。但酒卻並不全是整瓶售出，以分杯售出較多。而將酒注入酒杯內，多少總有點出入差別，這種差別應該只是1至1.5%至多不能超過5%。

將酒發給酒吧間後，我們應注意：

一、斟酒過量──調酒員為討好顧客，常多斟一些酒給予顧客，以便獲得額外小費，所以雖然不是偷酒卻是變相的耗酒，而飯店卻遭受到損失。

二、酒中滲水。調酒員或者以滲水方式，多賣幾杯酒，中飽私囊。為防止此法，必須用密度計抽查。

三、調酒員自己帶酒，矇混出售，以取厚利。

四、帳單須放置於封妥之箱中，每一帳單必須經過記帳打印機。

五、確使每一顧客攜去其帳單，以免以一張帳單收取數份現款。

六、必須準備打印記帳機。

七、隨時派人到酒吧間檢查，使調酒員感覺時有人在監視就不敢作任何越軌行為。

八、酒吧打烊後應將空瓶送交酒庫。

九、補充用酒應採用「空瓶換實瓶」方式。

吧檯工作位置營業前檢查表

月　　日　　　年

檢查項目	完成	未完成	備註
補齊酒吧必備之物品，如吸管、杯墊、Stir、劍叉。			
檢查各類酒水之庫存。			
檢查各類配料之庫存。			
將該日領的酒水、配料分別歸定位。			
補足冰箱內所有酒水，依 FIFO 原則。			
準備 Garnishes，如：Lemon slice、Lemon wedge、Twist……。			
是否已開啓咖啡機及熱水機。			
Setting 洗杯機，並檢查乾精及清潔劑是否足夠。			
Check 快速酒架上之所有基酒。			
所有基酒擦拭乾淨酒瓶標籤朝向客人，酒嘴朝10點鐘方向。			
所有酒瓶及層架擦拭乾淨，酒瓶標籤朝向客人。			
補足冰槽內所需之冰塊。			
酒吧臺面擦拭亮光劑。			
補足咖啡機內的咖啡豆。			
檢查所有冰箱溫度(約 5 度 C)。			
是否已準備各類乾果。			
準備垃圾筒及垃圾袋。			
CU Bar ONLY 檢查葡萄酒櫃及雪茄櫃溫度			

檢查人:　　　　　　　　　　　　　　　　　複查幹部:

吧檯工作位置營業結束檢查表

檢查項目	完成	未完成	備註
結束營業前 15 分鐘通知所有顧客(Last Call)。			
清洗所有裝飾盒內之水果及冰箱內的調拌料。			
浸泡所有的軟墊及器皿並加以清洗。			
擦拭乾淨酒吧工作區域擦拭所有不鏽鋼器皿及水槽。			
擦拭所有酒瓶，酒架及吧檯。			
清洗所有杯皿擦拭調酒軌道(Rail)。			
擦拭所有快速酒架上的基酒並用布覆蓋。			
所有 Soft Drink 及已開瓶的葡萄酒依 FIFO 原則歸位。			
是否已整理廚櫃並將物品擺放整齊。			
填寫每日酒報表。			
是否已開立領料單，生鮮需求單。			
酒吧桌椅排列整齊。			
是否已清理垃圾並丟棄。			
是否已關閉咖啡機及熱水機			
清洗洗杯機並將電源關閉。			
地板清掃並以拖把拖拭乾淨。			
CU Bar ONLY 盤點葡萄酒。			
是否已將盤點表及領轉料單放回文件櫃內			

檢查人:　　　　　　　　　　　　　　　　　複查幹部:

資料來源：台南大億麗緻酒店提供

長榮桂冠酒店（台北）
EVERGREEN LAUREL HOTEL
(TAIPEI)

日期____________

組別____________

用　途
☐培訓 ☐主管用餐
☐試菜 ☐招待
☐其他____________

餐飲材料成本計算表

No	品　名	規格	單位	數量	單價	合計	備註

※須附上出品 Menu 及註明份數。　　本頁小計 ____

總　額 ____

____________　　____________　　____________

主　廚　　餐飲部經理　　總經理

____頁之____

資料來源：台北長榮桂冠酒店提供

實際成本率與實際銷售量之標準成本率比較表
Comparison of Actual Cost & Potential Cost

餐廳別 Outlets	實際成本率 Actual Cost (A)	標準成本率 Potential Cost (B)	差異數 Variance (A) - (B)	差異 % Variance % (A/B) - 1
標準範圍 Standard Yield				

資料來源：台北長榮桂冠酒店提供

EVERGREEN INTERNATIONAL HOTELS

RECIPE CARD

HOTEL / OUTLET:

CODE NO. : DATE: Q,TY FOR: PORTS: KG. LTR.

NAME OF THE DISH:							ITEM:					
CODE NO. OF INGREDIENTS	NAME OF INGREDIENTS	Q,TY	UNIT	BUTCHERING TEST RATIO	PRICE	UNIT	DATE:		DATE:		DATE:	
							AT	AMOUNT	AT	AMOUNT	AT	AMOUNT

SALES PRICE: TOTAL COST: COST PER PORT: WASTAGE % : ACTUAL COST:

資料來源：台北長榮桂冠酒店提供

EVERGREEN INTERNATIONAL HOTELS

Butchering and Cooking Test Form

Hotel / Outlet:

Name of Item ______________________ Item Code ______________

Pieces ______ Weighing ______ KG. ______ OZ. GM. ______ Total ______

Date ______________________ Dealer ______________________

Item	Weight		Ratio	Cost		
	KG.	GM.		KG.	GM.	Total
Raw Yield:						
Initital Raw Weight						
Less Bones Fat and Trim						
Salable Raw Weight						
Breakdown:						
Total						
Cooked Yield:						
Salable Raw Weight						
Shrinkage						
Salable Cooked Weight						
Breakdown:						
Total						

Raw or Cooked Portion Cost and Portion Cost Factor

Name of Dish	Portion Size	No. of Potions	Cost Per Portion	Total Cost	Cost Factor
Total					

Signed:

資料來源：台北長榮桂冠酒店提供

*** STANDARDIZED PRODUCTION SHEET ***

HOTEL / OUTLET: RECIPE NO: DATE:

SUBJECT:	MENU TYPE:
NAME OF THE DISH:	

Q,TY FOR PORTS KG GR LTR

CODE NO.	INGREDIENTS	MOTHODS	Q,TY	UNIT	ADDITION
					GARNITURE:
					SIDE DISH:
					PREPARATION TIME:
					SERVED IN:
					PICTURE:
TOTAL COST:		COST/PORT:			COST %:
KEY POINT & REMARK:					
PROCEDURE AND METHOD:					
PREPARED BY:					

資料來源：台北長榮桂冠酒店提供

採購、驗收物品追蹤報告

OUTLET :

項目	提出日期	原因	追蹤報告				
			處理中	已改善	無法改善	完成日期	建言者

資料來源：台北長榮桂冠酒店提供

BIN CARD

Item Code ________________ Par Stock ________________ U/M ________

Articles ____

Standard Packing ____________________________________

Shelf Location ______________________________________

Date			Dept. / Vendor	Recv'd	Issued	Balance	Remark

P.S. U/M = UNIT MATERIAL

資料來源：台北長榮桂冠酒店提供

HACCP系統檢查表(2F)

單位:長榮桂冠酒店(台北)長園廳廚房　　年/月份

管理人:王弘人	代理人:何其偉	督導編號:

檢查項目	檢查重點
1. 人員管理	1. 洗手、服務儀容檢查、工作中洗手
2. 器具管理	2. 生熟食分用、容器分開存放、下班空班存放砧板直立、碗盤須專櫃存放
3. 進貨與領貨管理	3. 生鮮、乾貨和蔬菜分開運送
4. 儲存管理	4. 標示存放日期及分類分色儲存
5. 前處理	5. 取用正確工具及洗手
6. 製備	6. 中心溫度75℃以上
7. 供膳	7. 須完整覆蓋

日期	檢查記錄						清潔記錄	管理人確認	督導改正事項	追蹤
	出菜區	沙拉區	走道	中式區	西式區	廚櫃				
1										
2										
3										
4										
5										
6										
7										
8										
9										
10										
11										
12										
13										
14										
15										
16										
17										
18										
19										
20										
21										
22										
23										
24										
25										
26										
27										
28										
29										
30										
31										

資料來源：台北長榮桂冠酒店提供

第九節 食品衛生

飲食衛生的良否，都掌握在我們的手中。因此，養成良好的衛生習慣，以防止食物中毒和疾病的傳播，是非常重要的。

在準備餐點時，必須要注意所供應的食物，會不會引起食物中毒的危險，飲用水是否符合水質標準，而不影響到旅客及員工的健康。

一、飲用水

飲用水是指供應餐廳、廚房、客房之茶水及洗澡水，甚至包括游泳池的池水。

（一）間接使用自來水的飯店之蓄水池最容易受污染。應該注意：

1.有無漏水。

2.池蓋有無密封，以制止塵埃、細菌的發生。

3.有無完整的消毒設備。

（二）如果使用井水或其他水源之飯店，就必須要有適當之水質處理及消毒設備，並應定期送水樣給衛生機關化驗，以策安全。

（三）供應蒸餾水之飯店由於容器之消毒、運輸及操作之不妥，常會發生大腸菌，也應特別小心。

（四）各飯店都應備有餘氯比色計，及簡易大腸菌檢驗設備，以加強對飲水衛生之管理。

二、對細菌應有的認識

要做好飲食衛生，應先對細菌的性質有所認識：

（一）細菌是極小之微生物，即使是一個針頭上可以聚集百萬以上之細菌。

（二）雖然用肉眼看不到細菌，但經常在我們四周之空氣、水及土壤中。

（三）有害的細菌引起疾病：如食物中毒、肺結核等（通常被稱爲病菌），也有許多細菌是對人類有益的，這種細菌有助於食物發酵。如醋、乳酪等。

（四）細菌的生存條件是：

1.合宜的食物。
2.適當的溫度。
3.足夠的濕度。

細菌大約每二十分鐘繁殖一倍，一個細菌在二十四小時內可成爲幾十億個。

（五）冷的溫度（華氏45度以下）可制止細菌繁殖，高溫（華氏140度以上）可將其殺死。

（六）人、動物、昆蟲和不潔的器具是細菌的傳播媒介。

（七）病原菌經過食物、飲料進入人體內，而戕害身體組織或污染血液，致引起疾病。

（八）毒素：細菌體分泌出來的有毒物質。

熱往往不足以消滅毒素，所以最重要的是設法避免毒素在食物中孳生。

三、飲食衛生

要做到「只供應合乎清潔衛生的食物」便應「讓食物遠離細菌」—食物在貯藏、陳列、銷售及運輸過程中，應防範其受污染，故從業人員應要切實記住下列守則：

（一）使用肥皂和足夠的水洗手。

1.烹飪食物、預備餐具人員工作前，便後或手弄髒，一定要徹底洗淨手和指甲。
2.手指甲必須要剪短並經常保持清潔。

（二）保持身體和衣服清潔：

1.例行作身體健康檢查。
2.暴露在外的皮膚應徹底地除去附著之污穢物。
3.工作人員必須穿戴清潔的工作衣帽和圍裙。
4.保持頭髮整潔。

（三）不要在食物或餐具的近處咳嗽、吐痰、打噴嚏或吸煙；打噴嚏時要用手帕或衛生紙罩住口鼻。
（四）不要讓你的手沾染食物：

1.不管你的手指如何乾淨，千萬不可用手觸及別人的食物（顧客是最厭惡用手碰過食物），拿湯匙、刀子、叉子、杯子時要拿把柄。盤子要拿邊緣，玻璃杯和碗應托其底。
2.多用器皿或機器操作食物，以取代用手的操作，可減少污染的機會。

（五）自己患病時應請假休息，尤其是感冒、皮膚外傷及傳染病症時，都應留在家裏休息，以免傳染而影響別人的建康。
（六）餐具要清潔，不要讓骯髒的餐具沾污食物：

1.餐具要洗乾淨並加以消毒，消毒過器皿表面應避免用手觸摸，並存放在有防鼠蟲設備的櫥內。
2.酸性食物和飲料放在陶製容器中，可以避免金屬毒素——

鉛、鋅、錫、銅製容器不得使用。

3.龜裂或破損的餐具不宜盛裝食物，細菌易在裂痕內或破損的粗糙面上繁殖。

4.餐具之洗滌，洗餐具機械或三槽式，水槽應保持乾淨。

5.應準備充足的餐具。

6.不要用同一塊砧板切生的、熟的食物。

洗餐具的方法

一、用手（三槽式）

（一）刮除餐具上殘留食物。

（二）用水沖去黏於餐具上的食物。

（三）用滲有清潔劑華氏110度至120度的溫水洗滌。

（四）用清潔的熱水沖洗。

（五）消毒。

（六）放在清潔安全的地方風乾，或使用清潔之布巾擦乾。

（七）用熱水和清潔劑洗淨水槽。

二、用洗餐具機器

（一）與三槽式相同。

（二）與三槽式相同。

（三）疊置餐具（茶杯及玻璃杯應倒置）後放入機器內以華氏140度至160度熱水洗滌。

（四）以華180度熱水沖洗。

（五）消毒。

（六）清除殘餘食物容器及洗滌機器（用消毒溶液洗清機器）。

三、注意事項

（一）儘可能避免用布巾擦乾洗妥之餐具。

（二）殺菌劑和洗滌劑不得與殺蟲劑等放在一起。

四、消滅餐具細菌方法

（一）浸在華氏170度熱水內至少兩分鐘。

（二）在開水中煮沸半分鐘。

（三）浸在自由餘氯200PPM溶液內至少兩分鐘。

（四）放在華氏170度蒸氣之櫥內十五分鐘。

（七）食物要貯藏在清潔而乾燥之處，容易腐敗的食物要放在冰箱內。

1.放入冰箱之食物，應使之迅速冷凍，不要太密集，容器之間須有足夠的空間以使空氣流通。
2.冷凍的溫度應保持華氏45度以下，並經常檢查冰箱的溫度。
3.熟的和未洗滌、未烹調的食物要分開貯藏。
4.唯一防止細菌繁殖的方法是要確實做到不要將食物暴露在普通溫度中太久（超過三十分鐘）。
5.食物的陳列必須放在玻璃或紗櫥裡。
6.徹底洗淨蔬菜和水果。
7.有毒的物質需要標明放在固定的場所，並指定專人管理。

（八）防止鼠類、蒼蠅、蟑螂和其他害蟲接近食物。

1.將食物的殘渣或廢棄物倒入密蓋容器內。
2.要有防鼠、蠅、蟲等設備，不讓其在室內進出、繁殖。

（九）工作場所要經常保持清潔。

1.保持廚房衛生、整潔、美觀是一件值得自傲的。
2.絕對不可傾倒污水於地面上。
3.廚房內不可飼養動物。
4.廁所必須經常保持清潔，要有沖水及洗手設備。

四、病媒及昆蟲的管制

病媒是某些傳染病之來源，它們不但構成旅館、餐廳的騷擾，也妨礙了旅客的健康。

有效的控制必須先瞭解它們的習性，在細菌中最常見的病媒及昆蟲有老鼠、蒼蠅、蟑螂、螞蟻、臭蟲等。

清潔的環境以及適當的處理食物殘渣及廢棄物，就可以防止病媒孳生。

（一）老鼠

食物及儲水處是老鼠隱匿棲息的好地方，如能適當的處理殘餘的食物，以及其他可供藏鼠的地方，將可大大的減少老鼠構成的騷擾，其他防鼠的方法，例如，捉鼠籠、毒餌以及堵塞所有老鼠可能進入的空隙。

（二）蒼蠅

通常是孳生在糞便以及腐敗物的地方，防治蒼蠅的最好方法是消除這些骯髒的環境，使用密蓋垃圾容器，在門窗上加紗網及自動關緊的門以防止蒼蠅的進入。

（三）蟑螂

性喜溫暖，它們通常都活動在熱的板子、廚房、大爐以及碗櫃的下面或是熱水管，水槽的下面經常保持清潔及噴灑藥品，可防治這些昆蟲。

（四）螞蟻

性喜群居，它們喜歡找尋食物，尤其喜歡甜的東西，例如，果醬、蜜糖、蛋糕以及含澱粉質的物品，防治的秘訣是尋找蟻窩並放入藥品。

（五）臭蟲

吸取我們的血液，並可能傳染疾病。臭蟲通常躲在床縫之中，或是被褥的扣子上，以這些地方應該定期檢查，並應使用化學藥品加以洗刷或噴撒。

按：我國觀光主管機關、為加強旅館之經營、服務、建築、設備、環境衛生、防火及防空避難設備、消防設備、社會治安等。定期會同上述有關機關檢查旅館。如發現不合規格者，則要求隨時改善，否則將予處罰。如重新評定其等級或責令暫停使用全部或一部分的設備。

食物污染的來源
Source of Food Contamination

化學品 chemicals

◎清潔劑 cleaning agents

◎殺蟲劑 pesticides

◎金屬溶解劑 dissolved metals

外來物件 foreign objects

◎頭髮 hair

◎玻璃 glass

◎木屑 wood splinters

◎牙籤 tooth picks

◎金屬微粒 metal particles

◎昆蟲肢體或糞便 insect parts or droppings

微生物 microorganisms

◎單細胞類 protozoa

◎病毒 viruses

◎真菌類（酵母菌及霉） fungi (yeasts and molds)

◎細菌 bacteria

食物帶菌中毒 foodborne *intoxication*

◎葡萄球菌屬 staphylococcus aureus

◎臘樣芽孢桿菌 bacillus cereus

◎肉毒梭狀芽孢桿菌 clostridium botulinum

食物帶菌感染 foodborne *infection*

◎沙門氏菌 Salmonella

◎金巴扭細菌 Campylobacter

◎大腸桿菌 E. coli 0157:H7

第5章 餐飲服務

第一節 餐廳的起源
第二節 餐廳的定義
第三節 餐廳的種類
第四節 餐食的種類
第五節 房內的餐飲服務
第六節 餐廳服務
第七節 簡便餐廳
第八節 顧客的類型
第九節 美國的餐飲設備

第一節 餐廳的起源

restaurant一語，按照《法國大百科辭典》的解釋，意爲恢復元氣；給予營養的食物與休息。餐廳是提供餐食與休憩的場所，故可以使顧客恢復元氣的地方。餐廳的起源遠在羅馬時代，在羅馬市有名的「喀拉喀拉」浴場，可容1,600人，其間有許多休息室、娛樂場所，並供應餐食及飲料，此即爲早期餐廳的原始設備，同時，在古時的客棧、修道院也曾供給旅行過路者餐食與住宿，漸而獨立發展爲現代的餐館。

在英國，餐館的出現是在十七世紀，當時的餐館在一定的時間內，供應餐食，群聚於同桌，不得有個別擇食的自由，與現代餐館實有差別。

一七六五年，在法國有一位Mon Boulamge所開的餐館，供應一種restaurant soup，並在店門招牌上寫著「本餐館正出售神秘營養餐食」以號召顧客，其實是用羊腳煮成的湯。當時經營餐飲業者，必須參加公會，因爲MB未參加公會，所以同業提出抗議並控告他。但MB結果勝訴，因而更替他作了一次有利的宣傳。以後，就以他的湯名restaurant爲餐館的名稱，而被人廣泛地採用。

至於我國的餐廳起源，在唐朝詩選中，李白、杜甫、韓愈、白居易皆曾提及有關餐館的名稱，例如，旗率、酒家、酒肆等，可能就是早期的餐館。清末時在北京才出現了西餐廳。

第二節 餐廳的定義

由以上的起源觀之，似可認爲：餐廳即爲設席待客，提供餐食與飲料的設備與服務之一種接待企業。依內容來看，餐廳必備的條件是：

一、以營利為目的的企業。
二、提供服務。包括人力與設備的服務。
三、具備固定的營業場所。

成功的餐廳應該要提供佳餚美酒、週到的服務、合理的價格、清潔的環境、與舒適的氣氛。

第三節 餐廳的種類

在美國，餐廳種類有：

一、restaurant。
二、coffee shop。
三、cafeteria。
四、lunch counter。
五、refreshment stand。
六、drive-in。
七、dining car。
八、dining room。
九、grill。
十、drug store。
十一、industrial restaurant。
十二、department store restaurant。

以上各種餐廳佔全美的餐廳80%以上，其他尚有：

一、bar。
二、cabaret。
三、night club。

四、confectionary。
五、motel。
六、tourist court。
七、delicatessen store。

一、按服務方式區分

(一) table service restaurant

此種餐廳是各位熟知的，有桌、椅的設備，按客人的訂單，由服務人員端菜到餐桌。諸如：飯店中各種餐廳，restaurant，club，coffee shop，tea room，fruits parlar，theater restaurant，cabaret，night club等。

(二) counters service restaurant

餐廳中設置開放廚房，其前擺設服務台，直接提供餐飲，其好處爲較table service restaurant之供應速度爲快。諸如：soda fountain，luncheonette，refreshment stand，coffee stand，juice stand，milk stand，ice cream及snak bar等屬此類，其優點爲：節省小費；可目睹廚師的烹調技術；可得到即時的供應，節省時間。

(三) self-service restaurant

顧客依個人所好，將餐食由自己選擇搬到餐桌食用。其優點：迅速享受餐食；節省人工；餐費較便宜。諸如：cafeteria， buffet， viking。(註：viking：此字原爲稱呼七至八世紀間，在北歐，尤其在挪威活動的海盜團，在西洋史上，更把當代稱爲viking age。因爲，海劫歸後，衆盜同樂，各自揀選吃喝的，所以演爲後代「自助餐」之稱。又另稱爲smorgasbord； smor即奶油gas即goose， bord即board，筵席上擺設各種山珍海味，供人品嚐，該語原爲瑞典語，如今，普遍使用於英國。而北歐人反而不用，另以kold-bord代之。即英文之cold-bord。另有smorbrod之稱，爲丹麥語。smor爲奶油、brod即bread，古時銀器餐具尚未普遍時，多在麵包上塗抹奶油，再夾以魚、肉，或蔬菜，即今日之open sandwich。）

（四）feeding

1.industry feeding：公司所提供給員工使用的餐廳。
2.feeding-in-plant：工廠中的餐廳。
3.school feeding：學校內的餐廳。
4.hospital feeding：醫院內的餐廳。
5.fly-kitchen：供給航空公司或飛機場之餐廳。

（五）其他餐廳服務方式

1.vending machine：自動販賣機的服務。在美國，因人工費用增高，爲節省人工起見，普遍設立。
2.automat restaurant：投錢幣於個人所嗜的餐食機器中，即時可得食物。

二、按所提供之餐食內容區分

（一）綜合餐廳

包括：中餐、西餐與日本料理。

（二）特種餐廳

特種餐廳（speciality restaurant）如專賣牛排或羊肉等單一種類的。

三、按經營形態分類

（一）independent restaurant（二）chain restaurant獨立經營的餐廳及連鎖經營的餐廳。

第四節 餐食的種類

一、按時間分類

（一）breakfast

包括附有雞蛋的regular breakfast與不附蛋的continental breakfast。美國人早餐多喜歡juice，toast，egg，ham，bacon，coffee即爲regular breakfast。若更簡單，則喝咖啡加丹麥餅，或以hot cake代替egg。

歐洲人則多喝咖啡或牛奶，再加上croissant或borscht，皆塗抹許多奶油，介於麵包或派中間，再配以牛奶、果醬，是故歐洲旅館房租都計算早餐費用在內。

（二）brunch

介乎breakfast與lunch之間，如中國的粵式飲茶點心類。

（三）lunch

luncheon較非正式的稱爲tiffin。

（四）afternoon tea

此爲英人傳統的午茶時間。包括牛奶加上薄麵包或melba toast。

（五）dinner

外俗有「light lunch, and heavy dinner」之語，可見dinner是較豐盛的。所費的時間亦較長，所以經營餐廳者若能研究推出更多種特色餐食以招徠顧客，並多推銷美酒，則更能增加收入。

（六）supper

格調較高，且較爲正式的晚餐，但近來在美國常把supper用作「宵夜」解釋。

二、按餐食內容分類

（一）Table d'hote

即set-menu包括：湯、魚、主道菜、甜點、飲料，等事先由餐廳設定的完整菜單。

（二）Ala carte

按顧客個人的喜好，分別點菜。todays special亦是其中一種。

（三）buffet

又叫smorgasbord即自助餐。

中西複合餐廳
資料來源：台北長榮桂冠酒店提供

供應餐食之順序

一、hors d'oeuvre

美國人稱為appetizer，中國人稱為前菜，hors代表「前」，oeuvre代表「餐食」。即在正式餐食前所供應的。其目的在增進人們食慾。所以法國菜在正餐以前提供hors doeuvre，北歐則為smorgasbord。中國則為冷盤，在蘇聯稱為zakuski〔在melba toast上放置caviare（魚子醬），在配以vodka酒〕。前菜應以少量，美味可口，帶有地方色彩，並以季節性材料為原則。古代傳統，是英文字母拼音沒有「r」的月份，供應瓜類，有「r」的月份，則以蠔類。近來，在美國除蠔類外，亦有使用蝦或蟹作成sea-food cocktail。更簡單的，則有沙丁魚或乳酪或火腿肉，或雞蛋或芹菜的。（註：一般都把caviare放於melba toast上或放入挖去中心的胡瓜內。caviare是最珍貴之食物。所以俗諺caviare to the general有「高貴地使一般人不敢接受」，也有「對牛彈琴」之意。）

二、relish

以手指撮拿的方式食用豆類或杏仁，即side dish通常放在桌上，直至甜點出盤後才可收回。

三、soup或稱potage

可分為濃湯（potage）及清湯（consomme）。

在法國濃湯稱為「potage lie」清湯稱為「potage clair」，在美國，因人工費用激增，製作湯材料昂貴，又費時，所以一般採用sea-food-cocktail， fruit cup（fruit cocktail）或juice來代替。所應注意外國人說：「Eat the Soup」而不說「drink the soup」。意思是「吃湯」

而不是「喝湯」。因此湯應由客人座位的左邊供售，不能將湯視為飲料，由右邊供應。

喝湯要懂得要領，要注意不可出嘶嘶的聲音。外國人喝湯是將湯匙拿到嘴邊將湯慢慢倒入嘴裏，所以不會發出難聽的聲音。但中國人是用嘴去吸湯，所以聲音特別大，真叫外國人無法忍受。

四、fish

除正式餐以外，通常都把魚的供應略去。但也有將魚當作正菜食用的。

如天主教徒，每週五一定要以魚為餐食，所以許多餐廳都把魚當作週五的特別菜。配合吃魚的酒以白葡萄酒最適合。

五、entree

由字義上就可知，從此就要開始進入正餐。其實，用餐至此，正是全程的中間，所以也可叫作中間菜。提供中間菜的三大原則是：

(一) 富於變化 (二) 濃淡均匀 (三) 易於銷售。

作成entree的八大基本材料是：

(一) 魚貝類 (二) 魚肉 (三) 牛肉 (四) 小牛 (五) 羊肉 (六) 豬肉 (七) 雞肉 (八) 各種家禽及其蛋類。

最受歡迎的當然是牛肉。尤以牛排最容易吸引顧客，也最利於推銷。

一般說起來，西歐人嗜好小牛，東歐人與回教徒則喜愛羊肉。除此之外，也可用咖哩、生菜或義大利麵、蔬菜類來代替。

六、vegetables

蔬菜類是附於entree而食用的又叫garniture，因主道菜所含脂肪較多，為幫助消化，平衡營養，所以提供馬鈴薯、甘藷等澱粉類。最近也有用米來調理，以代馬鈴薯。

七、roast（烤肉）

此菜就是主菜，是顧客所期待的。其中的roast beef是最高級的牛排、如fillet，rib，sirloin，其次是雞、火雞、鴨等等。烤前必先徵求顧客對食物烤度強弱的意見，是要well-done，medium，rare，medium-rare或medium-well-done。當然啦，這些烤肉都必須附以馬鈴薯或不油膩的生菜，以助消化。（註：食用的牛肉，以五至七歲的雌牛品質較佳。英國是以烤肉聞名的國家，牛之好壞可由脂肪的顏色辨別，若為純白，則品質最佳，若為黃色則較差。sirloin steak的稱呼是由英王查理二世命名的。有一天，他嚐了美味可口的牛排後，問了主廚該牛排是取那一部分作的。主廚回答：「Sir，Loin Steak，即為腰肉上部」，自此就稱之為Sirloin Steak了）。

八、salad（生菜）

單用一種蔬菜的稱為plain salad，多種混合的則稱combination salad。作salad的蔬菜，有用其葉的lettuce（萵苣），parsley（香菜），cress（水芹）。有用其莖的asparagus（蘆筍）。用其花蕊的有cauliflower（花椰菜），broccoli（硬花甘藍）。用其果實的有Okra，Line beans，用其根的有radish， parsnip。西洋菜中、肉食較多，易使人體血液呈酸性，故要以鹼性相平衡。所以應多供應生菜，以補鹼性食物之缺乏。

九、cheese（乳酪）

歐洲各地都有各種不同種類的乳酪。瑞士產gruyere，emmenthal。英國產cheshire，cheddar，stiltono義大利產parmesan，gorgonzola。荷蘭產gouda edam，cheese。按性質可分為嫩的：如brie，camembert，coulommiers。硬的：dutch，roquefort，cantal。其他最常見的有：blue，American，munster，port salut，一般吃法是與

餅乾或黑麵包切片一塊吃。在正餐中，甜點與水果未出前，吃乳酪，而絕不可在其後吃。

十、dessert（點心）

點心共有八種。（一）pie（二）cake（三）pudding（四）fruit（五）gelatin（六）ice cream（七）sherbet（八）cheese，可歸之為三大類：1.cheese。2.甜食。3.水果。

十一、beverage（飲料）

正餐中提供的咖啡份量應少，特稱之為demi-tasse（半杯），即英文的half cup之意。

早餐的種類

英式English	美式American（另稱meat breakast）	大陸式Continental	定食table d'hote
（最豐盛的早餐）	bermude plan	continental plan	American plan
冷或熱穀物類			菜單由飯店指定
鹹肉或（火腿蛋）	雞蛋、火腿、鹹肉或香腸		
烤麵包	烤麵包	卷麵包	
奶油	奶油	奶油	
果醬	果醬	果醬	
飲料	咖啡果汁	咖啡、紅茶、可可、牛奶（選一）	

餐具擺設（早餐）

table seting（breakeast）

1.linen napkin
2.meat knife
3.meat fork
4.coffee cup & saucer
5.bread plate
6.coffee spoon
7.butter spreader
8.butter knife
9.butter cooler
10.goblet
11.salt shaker
12.pepper mill
13.sauger pot

餐具擺設（午、晚餐）

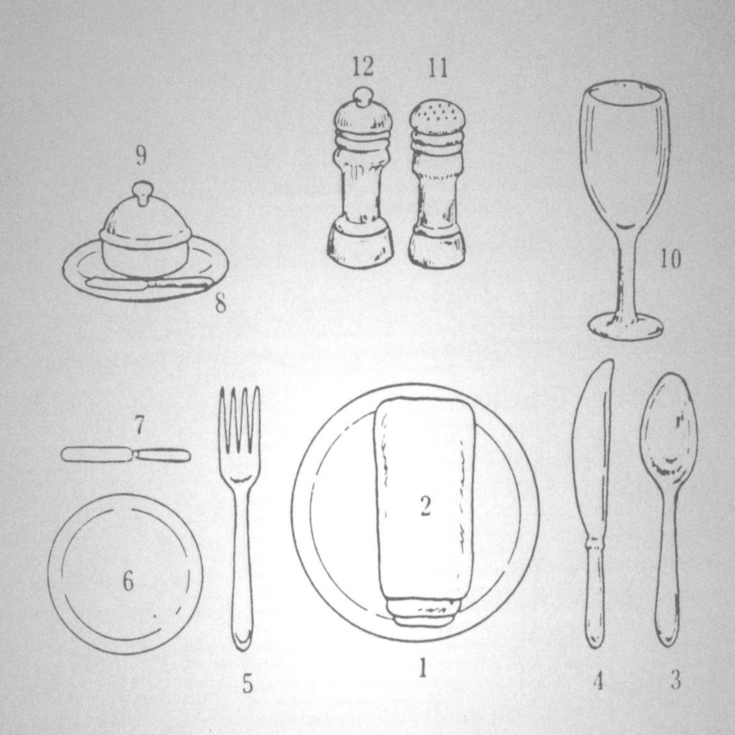

a la carte（lunch & dinner）

1.service plate	7.butter spreader
2.napkin	8.butter knife
3.soup spoon	9.butter cooler
4.meat knife	10.goblet
5.meat fork	11.salt shaker
6.bread plate	12.pepper mill

餐具擺設（全餐）

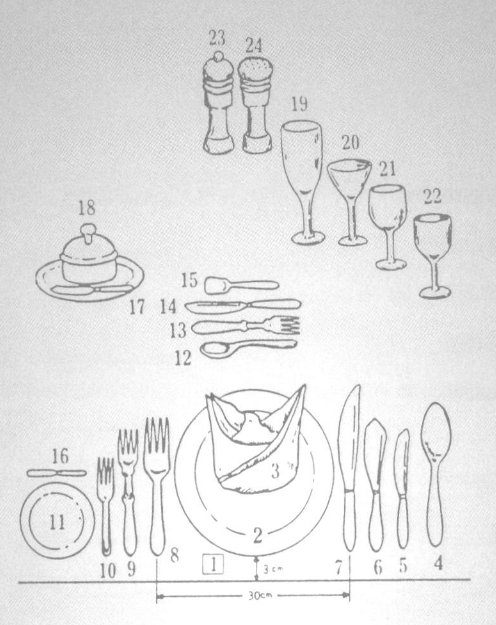

full course setting

1.name card	13.fruit fork
2.service plate	14.fruit knife
3.napkin	15.ice cream spoon
4.soup spoon	16.butter spreader
5.hors d'oeuvre knife	17.butter knife
6.fish knife	18.butter cooler
7.meat knife	19.goblet
8.meat fork	20.champagne glass
9.fish fork	21.wine glass（red）
10.hors d'oeuvre fork	22.wine glass（white）
11.bread plate	23.pepper mill
12.coffee spoon	24.salt shaker

各種餐具

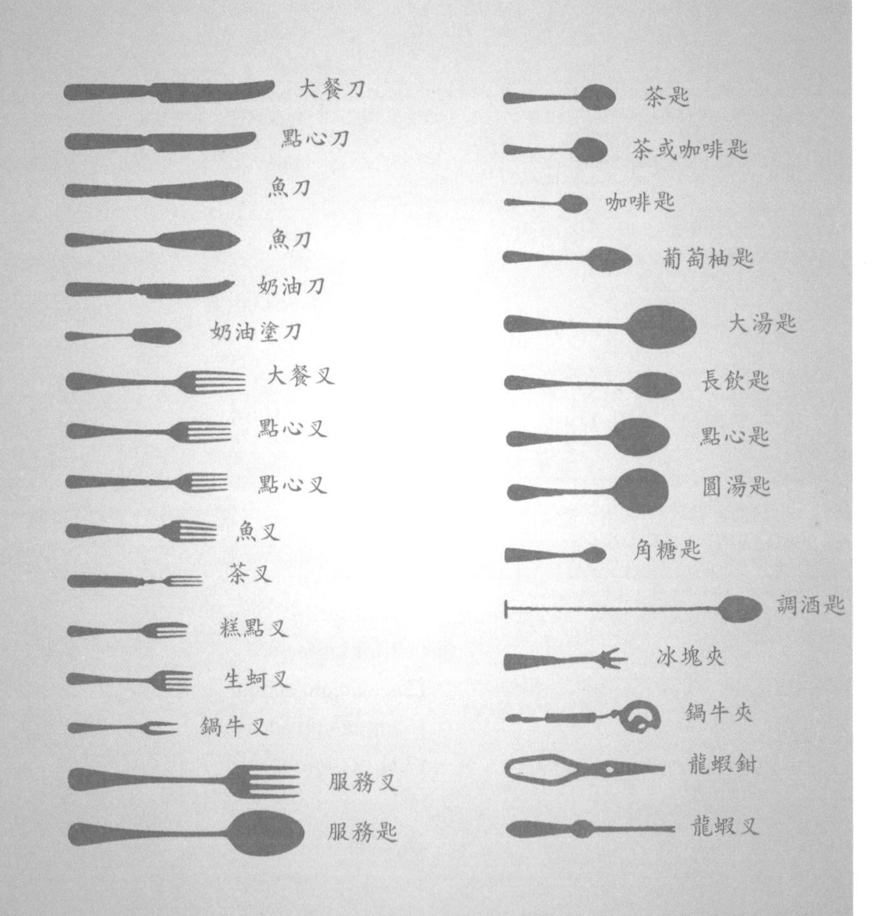

資料來源：薛明敏（1999），**餐廳服務**。台北：明敏餐旅管理顧問有限公司。

各種服務方式比較

一、餐盤服務（plate service）

（一）適用於翻檯次數頻繁的餐廳，例如，咖啡廳。

（二）所有的菜餚皆已上盤，由服務人員由客人右手邊上菜服務。

（三）麵包、奶油及菜餚的配料由客人左手邊服務。

（四）優點：服務時便捷有力，同時間內可服務多位客人。員工經短期訓練即可上場操作。

（五）缺點：不是一種親切的服務。

二、法式服務（French service）

（一）適用於精緻華麗的場合或宴會上。

（二）服務人員將「盛菜盤」由客人左手邊呈現給客人過目，然後由客人自行挾取食物到餐盤上享用。

（三）服勤方式：

1.以左手腕托持「盛菜盤」把服務用手巾墊於盤下，在「盛菜盤」上放有服務用的叉匙。
2.由客人的左手邊，將所盛裝的菜餚讓客人過目。
3.服勤時，要彎腰靠近客人，把「盛菜盤」托持於客人的左前方，靠餐盤邊緣的上端，好讓客人自行挑取菜餚於餐盤中。
4.在服侍下一位客人之前，服務人員需先將「盛菜盤」中的其它菜餚重新排列擺設。

（四）優點：不需要多位人手和很熟練的服務人員即可上場操作。不需要太大的空間，擺放器具。

（五）缺點：服勤的過程緩慢。

三、英式服務（English service）

（一）當宴席中需要較快的服務時，適用此服務方式。

（二）與法式服務大半雷同，唯一不同者是客人之食物需由服務人員以右手操作，服務叉匙，將菜餚配到客人餐盤中，讓客人享用。

（三）優點：

1.提供個人服務。

2.可為客人提供份量均量的食物，因為在廚房內已事先按規定的份量切好。

3.服務迅速、高級，且不需太多人員。

4.不需太大的空間放置器具。

（四）缺點：

1.大些菜餚不適用此類服勤，例如，魚或蛋捲。

2.假如很多客人，各點不相同的菜餚時，服務生必須從廚房端出很多的「盛菜盤」。

四、俄式（手推車）服務（Russian or gueridon service）

（一）適用於在客人面前調製菜餚之桌邊服務的高級餐廳裏。

（二）服務方式：

1.將所盛裝的食物，要呈送給客人過目。

2.再放置在加熱器皿上保溫。

3.左手持服務叉，右手持服務匙，將菜餚配送到客人的餐盤內，同時可借此機會，詢問客人的喜好和份量的需求。

4.配送在餐盤中的菜餚，要排列美觀。

5.由客人的右手邊，以右手端盤上桌，讓客人享用。

（三）優點：

1.適於服務各式的菜餚。

2.不易弄髒客人的衣物和檯布。

3.對客人提供最週到的個人服務。

4.客人感覺被重視。

（四）缺點：

1.因使用推車服務，故需較寬大的空間，餐廳座位被減少。

2.服務速度緩慢。

3.需要較多且熟練的人手操作。

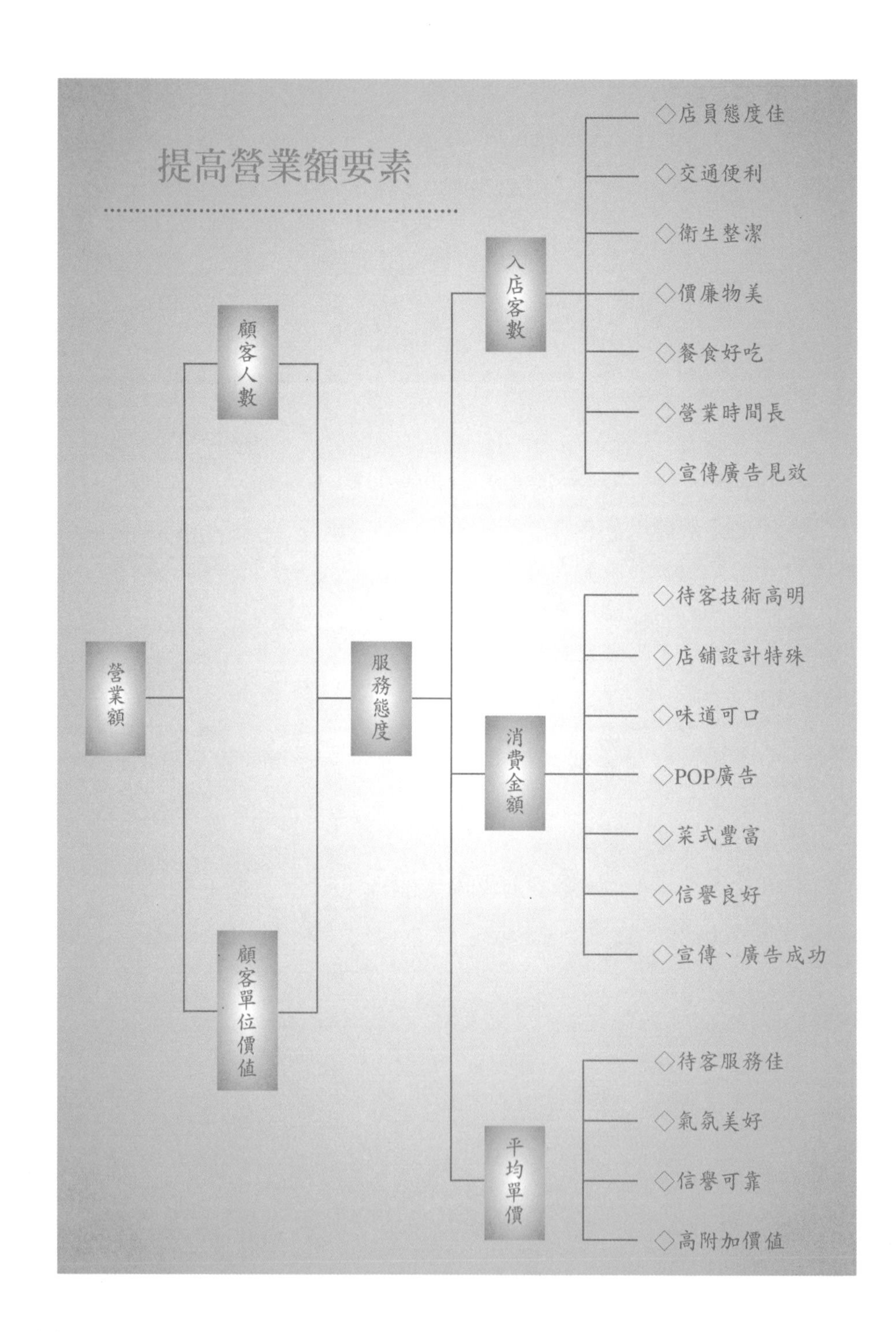
提高營業額要素
營業額
顧客人數
顧客單位價值
服務態度
入店客數
消費金額
平均單價
◇店員態度佳
◇交通便利
◇衛生整潔
◇價廉物美
◇餐食好吃
◇營業時間長
◇宣傳廣告見效
◇待客技術高明
◇店鋪設計特殊
◇味道可口
◇POP廣告
◇菜式豐富
◇信譽良好
◇宣傳、廣告成功
◇待客服務佳
◇氣氛美好
◇信譽可靠
◇高附加價值

酒杯的拿法
小杯子
水果酒杯
葡萄酒杯
雞尾酒杯
白蘭地杯
混合杯
高脚杯
高脚杯
香檳杯
雪莉杯
平底杯
平底無脚玻璃杯
啤酒杯

西餐用餐姿勢

坐的姿勢，背部要挺直，不可靠椅背

由客人右側倒酒

不可整片啃吃麵包，應撕成小塊再吃

手的姿勢是凌空的，由食物左邊往右邊食用

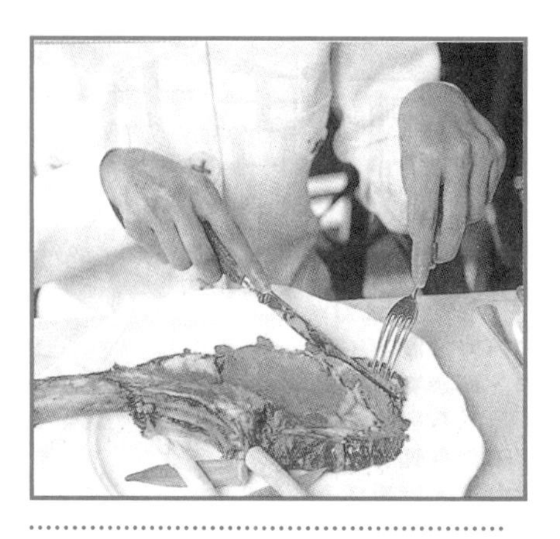

吃肉要用力切，食指可壓在刀叉背上
資料來源：詹益政，**國際禮儀**

吃魚不用力切，食指不必壓在刀叉背上
資料來源：詹益政，**國際禮儀**

吃麵包，要先在小盤上，撕一口大，再擦上奶油
資料來源：詹益政，**國際禮儀**

吃甜點，用湯匙，由外向內舀
資料來源：詹益政，**國際禮儀**

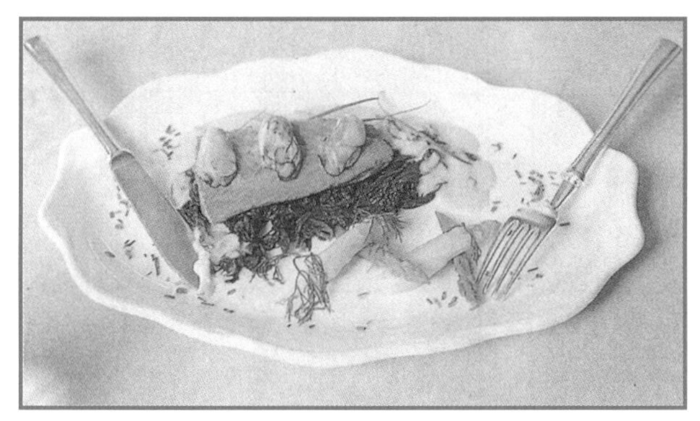

用餐中之刀叉
資料來源：詹益政，**國際禮儀**

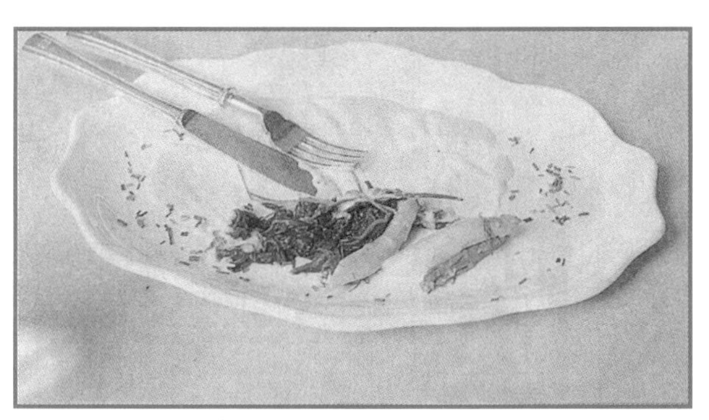

用餐後之刀叉
資料來源：詹益政，**國際禮儀**

正確的款待方式

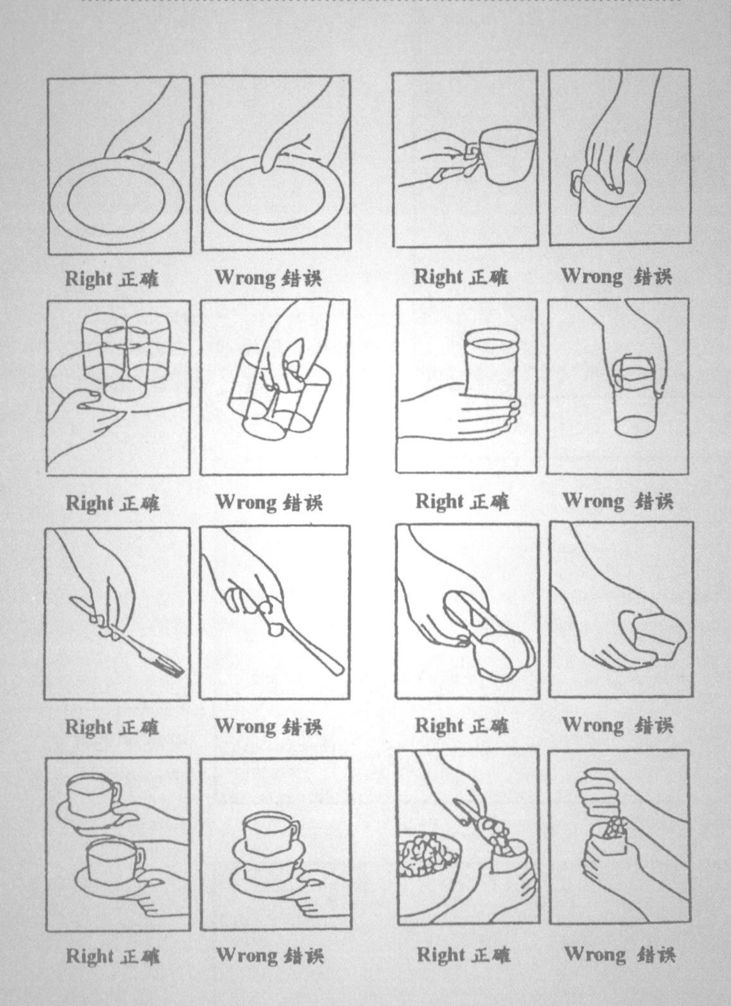

資料來源：加拿大B.C.省衛生處

哪一種酒，配哪一種菜

葡萄酒＼餐食	甜點	乳酪（硬）	乳酪（軟）	家禽	牛羊（沙司）	牛羊（沙司）	雞	鵝肝	魚類（沙司）	魚類（軟炸）	海鮮（殼類）
white dry			○				○		○	○	○
white mellow	○	○						○	○		
rose	○		○				○			○	
light red			○	○	○	○	○		○	○	
full bodied red		○		○	○	○					
sparkling	○		○				○	○			○
champagne	○	○	○	○	○	○	○	○	○	○	○

酒杯（glass ware）

1.直杯
2.四盎斯杯
3.六盎斯杯（闊口矮杯）
4.七盎斯杯
5.八盎斯杯
6.九盎斯杯
7.十盎斯杯
8.專比杯
9.香甜酒杯
10雪理酒杯
11.白葡萄酒杯
12.紅葡萄酒杯
13.有腳酒杯
14.雞尾酒杯
15.酸汁杯
16.白蘭地杯
17.香檳杯
18.啤酒杯

資料來源：洋酒百科全書

第五節 房內的餐飲服務

room service在旅館用語上意指把客人所訂購的飲食物送到房間。在此種服務中送酒精類（spirit）、飲料類（soft drinks）是不定時的，但餐食方面則早餐（breakfast）爲多。這是因爲客人假如想到餐廳吃早餐，起床後須即梳妝，穿著整齊的衣服，但在自己室內用餐卻不必受此約束且較自由，故多喜歡room service。不過一般說起來，要多加百分之二十的服務費。

一、room service須注意下列幾點

（一）客人之訂菜不論在餐廳或房間，應視爲相同，不應把room service當做麻煩的事情或無關緊要者，必須同樣地儘量迅速準備供給，不可使客人等待過久。

（二）房間離廚房較遠，餐食容易變冷，故應力求良好的送菜要領，以熟練、親切的態度送到房，方值得客人之讚許。

（三）餐具、餐巾（napkin），調味料等要準備齊全。粗心大意或缺少經驗之服務員容易忘記湯匙（spoon）或缺少鹽瓶（salt shaker）、胡椒瓶（pepper shaker）等物品，以致客人在吃飯當中又須以電話催促補送，這是最令人感到不愉快的。爲期萬全計，當客人點菜時，自己應站在客人的立場對這些必要之餐具、調味查看清楚，不可遺漏。

（四）room service是展現出服務員技巧最佳的時機，沒比這更能在客人身旁展出圓滑熟練的服務機會的，同時也容易被人看出你的缺點，怎可不愼重以赴？

二、關於餐食的常識

首先談到菜單（menu），服務員的任務是站在第一線將廚房所做的餐食，運用技巧，善以勸誘客人得以出售的salesman。餐食即是供給出售之商品，故記載商品之菜單即是一種商品目錄，服務員必須將記載商品之目錄熟記清楚，以便應付客人隨時之發問。這對新的服務員或不容易、若漠然不加理會永遠是學不會的。何況，菜單是一家餐廳的象徵與推銷的武器。

因客人不會考慮到waiter之職務與廚師不同。要知道隨時都有被質問到餐食的內容與烹飪方法之可能，故對烹飪方法應有一些常識。他如酒類也是一樣瞭解其種類，配酒方法及各酒類之香苦淡濃等知識。

至於新服務員應如何訓練自己，其要領是先將每日之定餐（table d'hote）及特別餐食（todays special）請教領班（head waiter），其次注意到點菜（A La carte），時常點到的及大廚師之拿手菜（chefs dishes）逐步擴大記憶範圍，終究因熟而巧於應付，並加深對廚師之瞭解與尊敬，自然增加彼此之感情而易於領教。

三、酒與飲料

威士忌（whisky）、雞尾酒（cocktail）等之訂購須到酒吧（bar）去端取，送去時放在盤上應小心不使溢出杯外，這當然要相當熟練的技術。

至於飲料類，舉例說：客人如訂購可樂（cola）三瓶，則以一瓶一個玻璃杯之比例送去，若知道室內人數，則依此準備足額之玻璃杯，同時將碎冰塊放在小冰桶內一起盛在盤上送到房間。注意玻璃杯非揩拭清潔不可，端到室內將盤放在桌子上，依客人意思以開瓶器（opener）打開蓋子，然後取出帳單，請求簽名後，道謝退出房間。

四、早餐

早餐訂菜以下列餐食最多：

(一) 季節性的新鮮水果

新鮮水果（fresh Fruits）諸如：柳橙（orange）、鳳梨（pineapple）、木瓜（papaya）、西瓜（watermelon）、香蕉（banana）等依其季節將新鮮之水果冷藏供應之。

服務時盛在水果盤（fruit plate）或肉盤（meat plate），連同水果刀、叉，必要時又加上湯匙與鹽等。

果汁（fruit juice）有番茄（tomato）、橘子（orange）、檸檬（lemon）、蘋果（apple）鳳梨汁等。把冰冷之果汁，盛在玻璃杯，供給之。

(二) 穀類

穀類（cereals）所謂「cereals」即歐美人作早點吃的穀類粥，如眾所知的oatmeal（麥片粥），其他cornmeal puffed rice shredded wheat等尚有十幾種。其中oatmeal cornmeal是烹飪後保持溫熱，供給客人，但是其他穀類是已經烹飪加工完成品，故隨時供給即可。

送去時盛在湯盤（soup bowel）準備點心匙（desert spoon），附上鮮牛奶（fresh milk），糖、鹽。

美國人訂此菜時，稱爲oatmeal，cornmeal，但英國人因其爲粥狀，故稱爲porridge。

(三) 蛋類

通常在菜單上面寫著「Eggs to order」表示可按客人的要求供應各式的蛋，可分爲下列數種：

boiled eggs水煮蛋是連殼放入熱開水中煮沸者。須問客人要soft(軟)或hard（硬）的，硬的是沒什麼問題（五分鐘以上者），但軟的，外國人是不允許只是半熟的。有的客人會指明二分熟或三分熟的時間。

fried eggs煎蛋，美國人說sunny sideup，是煎單面之意，煎兩面的叫做turn over或只說over。並以附上ham（火腿）或bacon（鹹肉），又bacon有的客人會要求crisp者，即酥脆之意。又煎蛋半熟叫over easy，全熟叫over hard。

poached eggs水浮蛋：是將蛋殼剝開，水煮至三至五分鐘，然後放在土司上面送去。

scrambled eggs：攪炒蛋，放在土司上面供給之。常加牛乳而攪炒。

omelette：煎蛋捲，都不包什麼的叫plain omelette，包入ham或asparagus（蘆筍）等者，則稱爲ham omelette或asparagus omelette。

做好後盛在肉盤上送去，boiled eggs要添附蛋杯（egg cup）與小型匙，其他則均附上肉刀、叉、鹽、胡椒。

（四）土司

土司（toast）依各人嗜好而異。有好薄的，有好厚的，或稍爲烤一下的，烤焦的等等，亦有cinamon（肉桂）土司，buttered（奶油土司），French（法國）土司等。客人訂菜時，應詳問其所好。

土司不可以冷者供給客人，不可因此而以盤子蓋上致使烤得好好的變濕，那便不能算是土司了。烤好後儘量迅速送出。因爲是room service所以土司應在其他餐食做好後才烤，烤好後，以紙餐巾或餐巾包起來送上爲妙。要知道客人得以嚐到稱心的溫暖土司時，內心是何等的快慰。可見要想獲取最高的評價，就必須平常勤於學習餐飲的服務技術。

（五）咖啡

咖啡（coffee）歐美人士在早晨飲一兩杯又熱又美味的咖啡，即所謂「morning coffee」，故早晨須將熱咖啡盛在咖啡壺（coffee pot）送去。注意咖啡不要置冷，外國人以爲早晨喝到冷的咖啡，是不吉祥的預兆。

須將壺子和杯子先以熱水燙過後才將咖啡送給客人。更不能忘記附帶茶匙、糖和牛奶（cream）。

咖啡不一定是餐後的飲料，美國人有與餐共飲者，或餐前飲者，特別是早晨餐前飲者居多，故須問清楚後送去，又要求紅茶（black tea）時必須問明是要檸檬或牛奶（milk）。

一般外國客人對自己喜好的蛋食與早餐都有固定不變的習慣，故對長期住客的訂菜只要問他是否與往常一樣即可。

五、正餐

正餐（formal dinner）的出菜順序如下：

（一）前菜（hors d'oeuvre）可當做下酒菜，並以其鹽味酸味來刺激，使唾液分泌旺盛，以增進食慾。
（二）湯（soup）：有時沒有前菜而以湯爲第一道菜。有濃湯（thick soup）與清湯（clear soup）兩種。
（三）魚類（fish）：因爲魚肉纖維比其他肉類之纖維柔膩，故吃的順序是在肉類之先較爲合理。
（四）中間菜（法語叫entree）：是正餐中，介在魚菜肉之間的菜，故又稱爲Middle Course，有雞肉、蒸燒肉、牛排之類。
（五）肉類（roast）。
（六）冷菜（salada）。
（七）甜點心（dessert sweet）。

最後是咖啡，以上稱爲全餐（full course）。

又洋酒在用餐時開始是雞尾酒（cocktail），接著出雪利酒（sherry），白葡萄酒（white wine），紅葡萄酒（red wine），紅葡萄酒（port），依次而出。最後是liqueur（甘味的烈酒）。

房間服務之訂餐單（order slip）應備幾份，因旅館之制度而異；通常是三份：一份送廚房，一份自備存查，一份給客人簽名後交給會計。

應注意餐具，如刀、叉、匙送進房間幾套，拿出來時也要符合。因爲外國人有以蒐集湯匙爲嗜者，否則餐具不足其責任在於服務員，如發現不足時須報告領班。

以上只是房間服務之基本常識，希望諸位對餐飲方面多加學習研究，並請教老同事，注意如何服務，務求技術之熟練爲要。

六、主菜烹調時間

瞭解各種主菜烹調所需時間，以便向客人說明，以免客人等候太久不耐煩。

不過這些時間要看廚房的設備與忙碌程度有所不同，只供參考而已。

烤雞（broiled chicken）………25至30分鐘
烤魚（broiled fish）………10至15分鐘
各種蛋（eggs cooked to order）………5至10分鐘
炸雞（fried chicken）………30至40分鐘
炸魚（fried fish）………15至20分鐘
炸牡蠣（fried oysters）………10至15分鐘
炸鮮甘貝（fried scallops）………15分鐘
牡蠣濃湯（oyster stew）………10分鐘
牛排：嫩的（steak Rare）………10分鐘
　　　中的（steak, medium）………15分鐘
　　　老的（steak, well done）………20分鐘
二合一牛排（porterhouse steak）………20至25分鐘
大塊沙朗牛排（sirloin steak for two）………25至30分鐘
烤豬排（broiled pork chop）………15分鐘
煎豬排（fried pork chop）………20分鐘
小牛排（veal chop）………20分鐘
烤羊排（broiled lamb chop）………10分鐘

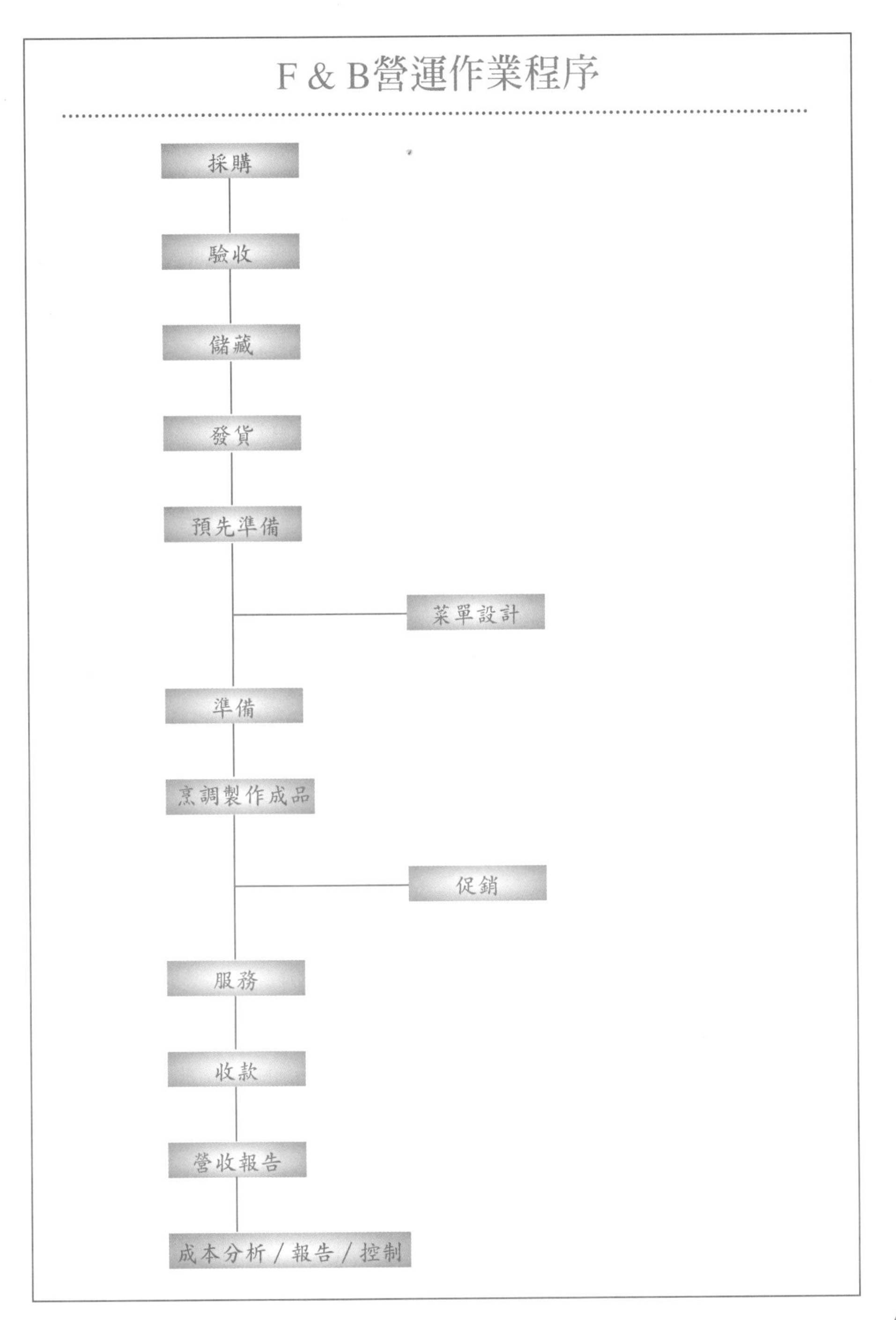
F & B營運作業程序
採購
驗收
儲藏
發貨
預先準備
菜單設計
準備
烹調製作成品
促銷
服務
收款
營收報告
成本分析／報告／控制

第六節 餐廳服務

一、前言

旅館的二個主要收入來源雖是客房與餐飲的收入，但客房由於房間數及收容能力有限，就不得不設法另找出路。

因此餐廳的地位就非常重要。不但其收益較客房部多，且明顯的服務較能直接影響到飯店本身之評價，其所留給顧客的印象將永留不滅。如果以不善之服務態度接待顧客必會損害飯店之名譽，顧客之光顧必趨減少。

如果每個服務員均能以誠懇的態度，以最高的熱誠服務顧客，則不但能使顧客輕鬆愉快，心滿意足，走後亦將念念不忘，稱讚不絕，不但業務繁榮，服務員本身也將感到光榮。

在餐廳部工作，接觸客人的各位都是飯店的有力推銷員，飯店所供給之菜餚，能否得到顧客的稱讚，取決於各位服務的手腕。

我們要時常站在顧客之立場著想，積極服務賓客，使其在安逸舒適的氣氛裡享受美味可口的餐食。

良好的服務是無窮的，時時用功學習，以增加專業化的知識，提高本身之品格，以殷勤、理解、誠懇的態度，並以「榮譽」的心情服務賓客。

（一）餐廳服務型式

1.英國式（English service）：英國式服務在採用美國式的房租計價的旅館，（即房租包括三餐費用在內）很普遍，但一般餐廳則很少採用。服務員以左手端銀盤呈向客人左邊，服務員並以右手夾菜送至客人面前的食盤。這是宴會所採用的方式。

2.法國式（French service）或稱（hotel service）：此種方式多在高級的飯店或餐廳採用。餐食經過（bus boy）由廚房搬到餐廳的邊桌，然後由此盤再放在餐車上，推到客人面前，將餐食加溫後，分配於客人的盤上。除麵包、奶油碟、沙拉碟及其他特殊盤碟應由客人左側供應外，其他飲食品都由客人右側供應，但習慣於用左手端盤的服務員，可用左手由客人的左側供應。

略式爲節省時間，將食物盛於食盤上端出，即爲：plate service。

（1）正服務員的工作：

A.代領班安置客人入席。
B.記錄客人點菜。
C.供應飲料。
D.餐食端入餐廳後，在客人面前完成最後烹飪。
E.送帳單及收帳款。

（2）助理服務員：

A.將正服務員交下的訂菜單傳送給廚房。
B.由廚房將餐食放於托盤，端進餐廳，放在手推車上。
C.將正服務員烹調好的餐食端送給客人。

註：如將食物放於食盤中，再將食盤放於服務盤上，供應客人，就叫 tray service。

3.俄國式（Russian service）又稱修正的法國式。由廚師將烹調後的餐食盛於大銀盤。由服務員將熱的空盤與大銀盤搬到桌邊。

（1）安置空盤：由順時針方向，由客人右側，以右手逐一放置。
（2）供應餐食：把大銀盤端給主人及客人過目，然後依反時針方向，由客人左側，以右手供應。

美式是將盛在盤碟的菜直接端給客人，但俄式是將大銀盤的菜分配到客人面前的盤碟上。

4.瑞典式（Swedish service）另稱（buffet service）：即由客人自己選取，服務員只是幫忙切肉，或供應麵包、飲料、甜點。並先在客人桌上事前供應前菜及湯道。

5.銀式（silver service）：與英國式同。

6.美式（American service）：爲各種形式的混合。食物在廚房中裝飾在食盤中，有時候小盤的蔬菜端到桌上。食物用左手從客人左側供應。飲料用右手由客人的右側供應。並由客人的右側收拾，客人進入餐廳時，安排客人入席，遞送菜單、倒冰水、餐食烹調後盛於盤上，由服務員以托盤端進餐廳，先置於供應台。

7.簡易自助餐式（cafeteria service）：客人由陳列桌上的食物中選取自己所需食物，只有熱食由服務員供應。取菜後到長桌的最末端出納處先付錢，然後選位子用餐。

（二）符合現代趨勢的餐廳服務方式

雖然傳統上，餐廳服務型式有如前述各種不同型式，但是今日的餐廳已經將這些匯集於一爐，加以簡化，其主要考慮因素在於：

1.如何配合餐廳本身之主題。
2.視顧客階層與需求、隨機應變。
3.餐具的適用性。
4.服務人員的能力與技術程度。
5.餐廳的面積與桌椅的排法。

任何一種方式，最後的目的在於如何使顧客感到舒服，備受尊重，享用餐食樂趣，滿懷溫馨地離開，並留下良好的回憶。因此，關心顧客的舒服和滿意，才是服務的重點，比任何固定的、冷淡的、無情的、頑固的鐵則，都來得重要。

1.眼睛要看著餐廳入口，注意顧客。
2.有口臭否？
3.有體臭否？
4.上衣燙平否？
5.鈕扣有否生鏽、脫落？
6.有否帶手帕？
7.手指清潔否？修指甲否？
8.髮油不可使用太濃味者。
9.頭髮不可留長。
10.有否刮鬍子？
11.襯衫清潔否？
12.褲子要燙平？
13.襪子使用黑色。
14.鞋子要擦亮。
15.除訂婚、結婚戒子外，其他戒子不帶。

男服務生基本姿勢
資料來源：台北長榮桂冠酒店提供

1.經常保持眼神微笑。
2.化妝要高雅。
3.領子、袖口是否清潔？
4.身體舒服否？
5.有否準備鉛筆、訂單、開瓶器等？
6.手指清潔否？
7.指甲乾淨否？
8.指甲油使用無色的。
9.內衣合適否？
10.襪子要用直線不裂的。
11.鞋子要無出聲者。
12.頭髮要梳整齊。
13.不嚼口香糖。
14.牙齒乾淨否？
15.晚餐服務前洗過澡否？
16.制服要清潔。
17.鞋子要合適要擦亮。

女服務生基本姿勢
資料來源：台北長榮桂冠酒店提供

（三）餐廳工作人員之舉止與儀態

1.頭腦、眼睛、手腳和心情。

（1）頭腦：反應要敏捷，記憶力要正確，並要有豐富的常識。
（2）眼睛：時常留意客人之表情，注意客人之動作，以便隨時應付。
（3）手、腳：手腳之舉止，需要配合適當時之要求，不要有浪費的動作。
（4）心情：經常以沉著而冷靜的心情去服務客人。
（5）語言：講話要有禮貌，聲音清晰大小適中，並應使用正確而標準的語言。
（6）態度：應親切誠懇，自然大方。

2.衛生與服飾

（1）手、指甲：服務前手應該洗乾淨，尤其注意指甲要修剪清潔，女子除塗無色之指甲油外其他不得使用。
（2）頭髮：不要做效流行式頭髮，要梳理整潔。男子應定時理髮，塗上適量髮油（髮油使用香味較淡者）。
（3）臉部：化妝要輕淡，口紅使用薄色者，不要畫眉塗眼或濃妝，宜保持樸素幽雅之外觀，予人以好感。
（4）香水：香水之氣味，容易影響及破壞餐食的美味及室內的氣氛。故不宜使用，但可以使用止臭劑。
（5）汗水：宜穿著能吸收汗水的汗衫，注意汗水不要滲出上衣，應經常更換汗衫。
（6）口臭：吃過蔥蒜等具有強味之食物後，應特別注意口臭。牙齒要刷洗乾淨。
（7）鞋與襪子：襪子每日應更換，皮鞋時常要擦亮；不要使用指定以外之顏色，襪子與鞋應使用黑色爲宜。

(8) 制服：著用整潔之制服，褲子要顯出線條，圍巾、帽子要維護良好狀態。

(9) 襯衫與領帶：襯衫要燙平不得有破損者，特別注意其領子、袖子及衣扣。領帶應對鏡打結美觀。

(10) 指戒及手錶：指頭、手腕爲客人最注意的地方，戒子、手錶及時髦的首飾不宜使用。但結婚、訂婚戒子則不在此限。

(四) 對餐廳物品應注意事項

餐廳裏有很多種類之餐具，它們是服務客人所必要而且重要的物品，無論粗細、大小，必須愛惜它們。

有些人往往熟悉了工作後，對處理物品就容易疏忽，這樣將給公司蒙受莫大之損失。

客人對於餐廳物品都有銳利的觀察力，我們應善加保養愛護。

1.布巾類（linen）：布巾類有顧客用與員工用兩種，員工絕不得使用客人專用的。

布巾類各有各之用途，應視其用途分別使用，否則不但容易損壞，而且外表也不美觀。

(1) 桌巾（table cloth）：桌巾有疊折線，或折紋，這是最受人家注意的。最要緊的是順著這折紋調整桌巾的位置。如果桌巾過長時，應要特別注意。不得使用破爛之桌巾。客人使用後之桌巾，應檢查有否污穢，如果污穢應立即更換。

(2) 餐巾（napkin）餐巾是客人在食桌上用來揩嘴的，因此要使用最乾淨之布料。疊折要整齊，外表亦要美觀，佈置要適當。

(3) 服務用臂巾（arm towel）此種餐巾係服務員在賓客之面前服務時，搬運熱類碗盤時使用。不可當作揩汗及拭手臉之用，儘量保持清潔，如有污染時，隨時更換。

(4) 廚房用布巾（duster）此種布巾係爲裝餐食於盤碗上所用的。

要保持其清潔，並不得與其他混淆使用。

（5）其他：其他還有擦拭玻璃杯、銀器及食器等之布巾。應妥爲運用，不得使用於其他用途。

以上布巾類應時時與洗衣部連絡，並經常準備整潔之物品，隨時供給服務之用。在管理方面，亦應予充分的注意，不得遺失。

2.使用銀器（silver ware）、食器（table ware）應注意事項：銀器、食器等類在一般家庭均視爲珍貴的財產，非常愛惜。

飯店亦有很多銀器、食器，此等物品既相當昂貴，應加小心處理。銀器，應時常擦潔光亮，不擦亮之銀器，不宜使用。銀器、食器在搬運途中，不可印上指紋。

同時銀器易於氧化，變爲青綠色，故使用以前應泡在熱水中擦洗清潔後，才可使用。

（1）刀類：刀子有下列幾種，肉用、魚用、餐後甜點用、水果用、奶油用等。各有各種之用途，刀柄及刀叉同樣要緊，注意有無彎曲和壓平情形，尤其要處理牛排用刀子時，因其刀叉較爲銳利，避免與其他刀子放在一起，以免相混生疵。

（2）匙類：分湯用、餐後甜點用、冰淇淋用、茶用、小咖啡杯用、肉湯用、長柄、服務用等數種。匙子容易損壞其原型，尤其是圓凸部分易於生疵，應特別注意。匙子如果污穢了，特別引人注意，應予經常擦洗乾淨。

（3）叉類：分肉用、魚用、餐後甜點用、水果用、雞尾酒、糕餅、蛤蠣等數種。叉類之前端銳利更要小心擦洗，又前端部分鍍金易於磨損，同時叉類前端之間隙，易於沾染食物，尤其蛋類等餐食。

（4）服務時所使用者：分湯杓子、調味汁杓子、洗指碗、蛋糕夾、調味汁容器等東西係服務賓客送菜餚之用，此等銀器非經常保養清潔美觀不可，如果污穢將會破壞餐食之味道。其他銀器尙多，均甚重要，應每日檢查，不可遺失。

3.玻璃類（glass ware）：玻璃類是最易損壞的東西，應時常特別注意，不得有亂用或供爲其他用途等情形。玻璃類亦是最易染污的，如有污穢必給予賓客不潔之感。拿玻璃杯時，注意不可印上指紋，最好拿著杯的下方，不要拿上方。

使用前，須以熱水燙洗之。

（1）餐桌上的杯類指排在餐桌上之玻璃杯類而言。注意杯底有無瑕疵或邊緣缺損等情形，應有經常檢查之必要。搬送時應使用盤子，不要夾住手指間搬運。

（2）酒吧用玻璃杯與餐桌上杯類相同。

（3）其他還有很多玻璃製品，厚的如煙灰缸、水壺等不可突然間放於熱水內或加以冷卻，否則極易破裂。以上玻璃類，均係耗損率極高的東西，應嚴格管理細心注意。以防過度之消耗。

4.其他器具：在餐廳使用之東西，還有其他種種器具，服務用餐車及桌椅等等，此等器具經常要保養清潔，並使用於適當的場所及正當的操縱方法。

5.陶器（china ware）：陶器因較重，服務時，如果同時搬運數個，極易損壞，尤其陶器價格昂貴，在工作尚未習慣以前，絕不可勉強一次搬運過多。

（1）盤類：分湯盤、肉盤、甜點盤、麵包盤、青菜盤等數種。

A.使用時應注意記號及銀線，色樣有損者，不可使用。

B.搬送時不可拿邊緣，應拿下方。

C.服務菜餚時熱類餐食應使用熱的盤子，冷菜要使用冷的盤子。

D.不得亂放盤子。

E.盤子不得疊積太高。

F.要分門別類加以管理。

G.注意污點，以免破壞食物美觀，減低顧客食慾。

（2）其他陶器：其他陶器有直接倒入倒出之闊橢圓形盤類、茶罐等，還有日本餐用食器，處理上均應加以注意。

（五）餐廳內之注意事項

以上概述了餐廳內之各種設備。當你們要親自招呼客人的時候，在餐廳裏你們好比是舞台上的演員一般，要經常以最大的努力表現自己，使客人愉快滿足。

客人是永遠不知足的，不管你如何誠懇服侍他，也很難獲得他的滿足。有時甚至會遭遇困難，而使你們手足不知所措尷尬萬分。

雖然如此，你們必須十分有耐性去工作。相信只要遵守下列幾點，始終以誠懇的態度去服務他們的話，必能順利完成你們的任務。

1.接待要領

（1）當客人踏進門來，應含笑鞠躬，千萬不要忘記招呼。

（2）引導客人到座位應拉出椅子，請其坐下，使其儘量靠近桌子坐。

（3）與客人談話，口齒要清晰。

（4）客人有什麼奇異舉動，千萬不要竊竊私語或批評。

（5）不得介入客人之談話或竊聽。

（6）如遇有客人爲難你，必須忍耐，不得生氣，若已到不可忍耐之程度，應報告上級處理，萬萬不可輕舉妄動。

（7）有關客人所提出要求較細密的事情，亦應向上司報告，以便採取因應措施。

（8）對客人所訂之菜餚，應重說一遍，以免錯誤。

（9）如果對客人之訂餐或要求，若有不甚明瞭應立即報告上司，不得自作聰明，擅自決定。

（10）接受訂菜時，應站在客人之側邊，易於談話之處，最好站在客人之左側，同時亦不得太靠近，以免造成對方有厭惡感。

（11）訂菜要記錄，以免招致糾紛。

（12）訂菜的記錄，應儘量寫清楚明瞭，以免再次詢問客人。

（13）客人有無理的訂菜，做不出的餐食，或缺貨時，應以和氣態度給予解釋或婉謝。在可能範圍內給予客人方便以做最佳的服務。

（14）供給冰水以前應儘量推銷飲料品，以增加餐廳收入。

2.服務技術

（1）菜餚是從客人之左側送入右側再退出為原則。（各餐廳如有特別規定則從之）

（2）飲料品是從客人之右側送入再從右側退出為原則。（各餐廳如有特別規定則從之）

（3）送菜餚時左腳踏進一步，身體轉向客人。

（4）服務之型式，雖有很多種，但最後的目的在於如何使賓客在安逸舒適的氣氛中享受美食。

（5）使用盤子時，以左手平衡搬運之。

（6）較重的東西放在盤子中間，輕的放在邊緣。

（7）如有不明瞭之處，應立即請教。

（8）倒水時不可拿起杯子倒。

（9）洋酒各有倒酒的方法平常應加以研究。

（10）記憶顧客姓名及嗜好，以示親切及尊重。

（11）餐桌上之器具、鹽、胡椒等常要留意補充，煙灰缸時常更換清洗乾淨。

3.同事間之協調：餐廳服務最要緊的是如何提供良好的服務，以表現各位在餐廳的工作成就。但只靠一個人的努力怎麼也不能產生良好的服務。最要緊的是，彼此要同心協力，大家分工合作推行業務，造成愉快的氣氛，才能達到服務至上的目的。這就是所謂團隊（teamwork）精神。

（1）合作至上。
（2）勤務中沒有必要時切勿講話。
（3）不要同時聚集在一個場所。
（4）不得在餐廳內接聽私人電話，或竊聽客人之間的交談內容。
（5）定期開會，討論菜單及服務問題，以便隨時改進。

4.衛生問題：餐廳工作的人員，對於衛生管理，尤不得疏忽，必須研究學習這方面的專門知識；例如：

（1）食品衛生。
（2）公眾衛生。
（3）環境衛生。

5.其他應注意事項

（1）剛開店及打烊時間前來之客人，尤應特別給予方便，請記住顧客抱怨最多的時候往往就在這個時段發生。
（2）餐廳內之裝飾品很貴，應予愛惜保護。
（3）客人離開後，注意有無遺留物，如有遺留物妥爲保管，切勿據爲私有。
（4）當發現有任何遺留物時，立刻把餐桌號碼及時間註明，呈報招領。
（5）有任何不明事情都得向上司報告以便採取因應措施。
（6）客人要離店的時刻，與進店的時刻一樣要尊重，應以笑容送行，道謝並歡迎再度光臨。
（7）對飯店之各項設施，要認識清楚（例如，電氣開關、音樂、溫度調整器之操作等）。

（8）對飯店全盤之構造也要有所瞭解，不可當客人詢問時，一問三不知。

（9）各餐廳及其他場所之營業時間也要銘記在心。

（10）接到預定桌位時（reserved），立刻製成記錄註明日期、時間、人數及內容以便報告上司。

6.替客人選擇座位，應注意事項

（1）肥胖而且年老的客人，應請他們坐在靠近餐廳的入口處。

（2）帶有小孩的客人儘量請他們坐在角落，以免因小孩子哭聲打擾到別的顧客。

（3）服飾華麗、打扮時髦的客人，請他們坐於餐廳顯而易見的地方。

（4）年輕的伴侶，選個較隱蔽的角落，讓他們有較親蜜及敘情的氣氛。

（5）單獨前來的客人，應選在靠窗邊的座位，不可選在中央。

（6）有些客人不願與生客同桌，如因客滿不得已時，應徵求雙方之諒解。

（7）警察或稅務人員應選靠入口的地方，而且不易使人注目的地方爲宜。

7.餐廳領班之職責

（1）迎接客人，安排就席，並引導離開餐廳。

（2）督導及檢查餐廳佈置與服務情形。

（3）對服務員之間，保持公平無私的立場。

（4）出面調解顧客與服務員之糾紛，必要時報告經理處理。

（5）執行其他有關餐廳之任務。

8.服務員之職責

（1）在沒有領班值勤時，應自行安排客人入席。
（2）接受及記錄客人的訂菜（order）。
（3）供應酒類及飲料。
（4）供應餐食及點心。
（5）送帳單及收取帳款。

9.練習生之職責

（1）安排客人入席，搬走不必要的佈置及設備。
（2）給客人倒冰水，從廚房拿出奶油及麵包。
（3）收拾盤碟及銀具。
（4）將服務員所訂菜單送入廚房。
（5）將廚房的餐食端進餐廳，放在手推車上。
（6）在可能範圍內，協助服務員之工作。

第七節 簡便餐廳

美國的大眾簡便餐廳，爲什麼這樣普遍繁榮而到處可見呢？要瞭解這個原因，必須從兩方面加以觀察與分析。如果站在顧客的立場去分析，不難看出他們的共同願望：

一、想在上班的路上，能有個簡便的餐廳，可節省時間。
二、有了簡便餐廳就可免去攜帶「便當」的麻煩。
三、由於公私忙碌，希望供餐迅速。
四、既是日常不可缺的餐食，希望價錢便宜。
五、每天在家吃同一種菜不免生厭，所以希望自己有個任意選擇多種類以及份量的自由。

相反地由業主方面看起來，他們一致希望：

一、節省人工費用。
二、在有限的營業時間與所限的場所內，儘量多銷，以便增加收入。
三、藉這種大量生產方式來降低餐食成本。
四、一般旅館內的餐廳，午餐大都生意較為清淡。所以不得不考慮如何利用場所及應用種種方法來吸引顧客，於是出現這種簡便餐廳。

茲就目前美國最常見之簡易餐廳略述其概況：

一、buffet（簡便小吃或立食餐檯）

大部分利用旅館內之普通餐廳或頂樓的展望酒吧陳列約二十多種五光十色的餐食，以便顧客能隨意自取選吃。除必須保溫或烤肉等有廚師隨場服侍外，其他餐食由顧客自己服務。服務員只從事於推銷飲料及飯後的收拾工作。此種專營的小吃館有時亦叫做salad bar。

二、drug store（藥房附設之咖啡室或小吃部）

大都設於百貨公司的地下室藥房之一角落。備有服務台，顧客雖然不必由自己服務，但由於服務台的設立，服務迅速而價錢便宜，所以尤以早餐的生意最為興隆。

三、coffee shop（快餐廳）

許多住在旅館內的客人因為出入頻繁，行蹤匆匆，沒有充足的時間去正餐廳悠然用餐，而且不但服務費時，一般索價較貴，所以寧願到館外去用餐。

旅館爲了防止顧客外流，不得不設法設立與外面drug store性質相類似的簡易快餐食堂，以迅速的服務與便宜的價格去招徠顧客。

四、cafeteria（自助餐）

爲節省高昂的人工費，想出顧客自己服務自己的一種方式，普通在餐廳正面設有「進口」與「出口」兩個門口。同時在「出口」的中途備有行李寄放處，以便顧客存放行李之用。

顧客由「進口」進入後就自己拿取餐碟、刀叉之類，並將餐碟放於擺放餐食之長桌滑溜溜的軌道上，一面推動餐碟，一面選取自己中意的餐食。到了最末端。有出納人員隨時計算價錢，然後將帳單給予顧客，客人拿了帳單與餐食後自己選擇適當的位子開始用餐，餐後拿著帳單在出口處結帳。

五、automat（自動販賣式餐廳）

這種方式要比自助餐來得更簡便、更徹底。餐廳內裝有玻璃窗櫥，櫥內餐食形形色色，炫眼耀目，每一餐食附有標籤，說明應該投入多少個銅錢，顧客只要按說明投入銅錢後，轉動把手，打開service蓋子，自己就可敢出餐食。但爲了供應較爲新鮮的食品與熱食，有時必須與自助餐方式混合併用。

第八節　顧客的類型

一個旅館從業人員，每天除應處理之例行工作外，所接待的客人，眞是不勝其數，而且包括著全世界各種各色的人士，旅館既爲服務業，我們必須瞭解各種顧客的類型，才能隨機應變、把握時機、應答自如、順應其需要，而盡最佳之服務。英俗說：「Know your customers before you can serve them」就是這個道理。

一、主顧型

對於老主顧雖然更應懇切地予以接待，並感謝其經常愛護之美意，但千萬不可因親密過度，或閒談過久，以致冷落其他顧客，而影響業務。

二、三心兩意型

此種客人自己既沒有一定的主張，故很難下決心。應該和氣地加以說明提出建議，協助他下決心，這樣既可省時，又可得到對方的信賴與感謝。

三、自大型

非常愛講面子的顧客，特別要順從他，多聽對方的意見，即使要說服他，也應該注意不可傷害其自尊心。最要緊的是不可和他議論，應以富有情趣的話來說服對方。

四、老馬識途型

多傾聽對方的話，對於所講的話不要去加以否定。那麼對方一定很得意而容易採納我們的建議。

五、浪費型

喜歡交際，揮金如土，也愛吹牛，但注意不可過度親密，以免萬一發生困難，將會推卻責任而使你連累，那就太不值得了，應保持一段距離。

六、囉唆型

儘量避免和他長談，應溫和地將要點，簡明扼要地說明。讓他便於接納，最忌辯論。

七、健忘型

時常提醒他，不斷重複一遍，並加予確認。否則，對方很容易否認自己所作所為，以致將責任轉嫁於他人。

八、寡言型

此種人不易開口講話，所以應細心傾聽其意見，並相機提出簡明扼要的建議，以便得到明確的答案。

九、多嘴型

一面雖然在傾聽對方的意見，另一面已在準備如何趕快誘其談入正題，以免耽誤別人的時間。

十、慢吞型

東張西望，不但動作滯笨，連說話也吞吞吐吐，需要一段很長的時間才能下決定，故應幫忙其迅速下判斷。

十一、急性型

動作應敏捷，不與其多談，單刀直入，扼要說明，以便迅速處理，否則此種人是很容易冒火的。

十二、水性楊花型

始終猶豫不決，即使已經下了決定，又想變更，總認為人家的選擇比自己的好。應向其說明所選擇的非常正確，鼓勵其接受。

十三、健談型

在不可傷害對方之自尊心之前提下，暗示尚有其他客人需要伺候，以便結束談話。

十四、情人型

應好好地安排較爲寧靜的地方，不使別人打擾，那麼對方必定很爲感激。

十五、家族型

特別細心照顧其小孩或推薦臨時看顧小孩的給客人。

十六、VIP型

應當視爲貴賓獻出萬般殷勤的態度去服侍。

十七、吃豆腐型

如對方有過份的行爲乾脆回答不知或報告上司處理。

十八、無理取鬧型

應特別注意講話的口氣與禮貌，但不要與其辯論，如無法處理請上司處理。

十九、婦人型

在歐美的社會裏，女人具有相當的影響力，應殷勤接待她們，以便替本店義務宣傳。歐美選擇旅館的權利是握在女人手裏的。

二十、酒醉型

避免注意他、不談他、不笑他，如果眞的吵鬧不休，最好讓他集中注意力於一個話題上，比方，對方如果是一個運動家，就請教他，運動取勝的秘訣，這樣他就會很得意的改變話題而不再吵鬧。

二十一、開放型

這種人往往將感情毫不保留地表露於言行。但不輕易傾聽別人，爲免感情的衝突，應等待其情緒安定時，再來說服。

二十二、沉著型

雖然很會聽別人的話，但並不輕意下決心。應付此種人必須對答如流，將其疑心轉移為信心來反擊。

二十三、消極型

此種人決斷力至為薄弱而且很消極，自己怕決斷，也不敢決斷，所以應設法協助其下決心，但不可傷他的自尊心。

二十四、固執型

自我觀念很濃重，不愛聽他人的話，雖然很快會下決心，但缺乏熟思，應以溫和的態度，小心、妥協、引向自己的主張。

二十五、社交型

此種人很會說話和交際。但其實不容易對付，非到最後階段是不肯放鬆。尤其應注意發生枝節，否則眞會吃虧。

二十六、排他型

不易與人來往，感情特別敏感。常為小事大傷感情，應避免不必要之閒談，儘量找出配合其胃口的話題。但一旦對方解開胸襟，則容易成為交涉的對象。

「旅客心理」係各種不同旅客的一種共同的需要或心理反應，個人由於教育因素，生活環境的不同，所表達出來的愛好，喜怒哀樂也各自不同。但一般觀光客都有一個共同的心理。那就是：一、緊張感：因為到一個陌生的地方，感受特別強、情緒反應也很敏感，所以容易誇大其詞，同時也容易疲勞，所以需要多休息；二、開放感：因為離開日常生活，一切煩惱拋入雲霄。精神、肉體開放自由，一面快樂、一面得意忘形，就沒有責任感；三、神秘感：由於每個地方具有當地的特殊色彩，增加他們的神秘感，結果感到好奇，就敢大膽去冒險。所以一般的觀光客對事物的要求水準提高，判斷力易成主觀，也就成爲自我中心，因此動不動就要發脾氣。

第九節 美國的餐飲設備

美國旅館內的餐飲宴會設備可分爲：一、大型宴會場。二、中小型宴會場。三、常設餐廳。四、簡速餐廳。五、快餐廳。六、酒吧等六大部門。

據筆者觀察所得，其經營方式與從前比較，已改變甚多，茲將其犖犖大者，列舉於後：

一、全面加強及改進宴會餐飲設施

在美國一般講來，餐飲的收入大約爲客房收入之兩倍，因其商品較具伸縮性，希望由此增加收入，以彌補客房收入乃是常理。就以夏威夷一地爲例，其全島之觀光全部收入當中，三分之一是屬於餐飲之消費。

二、重視宴會及集會設備

從前將宴會場或設備通稱爲banquet hall或banquet facility，但近年來卻以集會（convention）一詞較爲流行。此種集會實際上包括：會議、講習會、展覽會、研究會、商品交換會等，範圍極爲廣泛，有一個現象值得注意的是：美國大部分參加會議的總是夫妻相偕參加，這樣，一面參加開會，一面又可藉機觀光。在美國集會之所以如此風行，是因爲美國人天性喜愛各種集會，其次因爲民主制度之發達，集會也成不可缺的活動方式。但最主要的原因是美國的法人稅高到百分之五十二，而參加集會的費用大部分均由公司負擔，與其呆在家中被徵稅，不如參加集會較爲合算。美國的集會中心是芝加哥，其次就是舊金山。舊金山由於是太平洋的良港，東西交通的樞紐，且天然氣候之優良及富有風光景色之美，自然成爲美國人集會的第二大中心，但主要的仍然要依賴其充足完善的集會設備與旅行業者之不斷努力與宣傳，方有如此成就。但夏威夷在這一方面的努力與爭取，勢將取代舊金山。洛杉磯稱爲新城，其繁榮與觀光事業也有有超過舊城之勢，如洛杉磯的century plaza的宴會場Losangeles room竟能容納座位二千人，站位四千人之多；而前面的停車場可容納一千輛汽車。再者舊金山的St. Francis旅館有十四個大小型宴會場，旅館前之union square地下停車場可容納車輛1,700輛。而夏威夷的Ilikai hotel集會場可容納1,800人。尤以國際會議中心，其設備之充實，聲光電化，無所不備。裏面包括體育之活動，歌劇院以及各種重大的文化活動均可在此舉行。其大會場可容納4,000人、音樂廳2,200人、體育場8,500人。

三、各種餐廳有特殊名稱及特有的氣氛

爲配合各種不同的餐廳名稱，連內部的裝飾、傢俱、餐具、燈光、音樂、工作人員之服裝、餐點都採用同列系統的配合，以便釀出多彩多姿的氣氛。筆者在舊金山St. Francis旅館內看到女服務員穿著日本和服，婀娜多姿、鮮艷奪目，而在洛杉磯century plaza，一所最新的旅館內，看到男服務員穿中國服，戴瓜皮帽，十足中國味道，令人看了不得不感驚奇。這是美國人通常有一個觀念：「舊金山是通往東方之大門」。所以讓性急的遊客在此就可以聞到東方的氣息，和看到東方的色彩。

四、五花八門的酒吧有如雨後春筍

歐洲或美國從前的酒吧以設在地下室者居多，但近年來卻往高樓或高空發展。有很多酒吧設在大廳裏，稱爲lobby bar或cocktail lounge，連普通的餐廳裏也增設不少酒吧。更進一步，在最高樓設酒吧稱爲sky lounge，四面以眺望窗圍起，一面欣賞風光，一面陶醉於杯中物。如夏威夷Ilikai hotel的頂樓酒吧在此，風光明媚的威基基海灘一目了然。舊

金山有馬克荷普斯金旅館的十二樓top of mark，及St. Francis hotel在二十一樓所設starlite roof可以俯瞰雄奇壯麗的全市景色，令人賞心悅目。洛杉磯郊外beverly hotel八樓之sky terrace均爲很好的例子。

五、常設餐廳之種類增多、花樣新穎

如洛杉磯的一家旅館century plaza擁有七個餐廳，舊金山有一家一九〇六年建設的fair mont hotel，富麗堂皇，美國幾代總統均住宿於此，也有六個餐廳，各有各的風格與氣氛。由最高級的夜總會以至於最普通的快餐廳，可由顧客任選，自由出入，以無窮的變化來適應顧客多元化的需求。

六、供餐方式之改變

至於供餐的方式也有所改變，第一、儘量讓客人當面欣賞烹調法，所以open kitchen很流行。第二、使用推車供應餐點，以增加風趣。第三、特別強調服務人員的服裝。筆者在舊金山漁人碼頭吃了義大利餐，訂了新鮮的螃蟹與龍蝦，服務員將鮮白的圍巾掛在筆者胸前，讓你一邊吃，一邊將吃髒的手在圍巾上東揩西擦，使你得意忘形，樂在其中，只有吃過的人才知道其中妙趣。

宴會的型式也以雞尾酒會及自助餐最爲普遍。這是因爲在客人方面看來可以：（一）自由自在的和大眾接觸談話，造成喜氣洋洋的氣氛。（二）餐點集中一處，裝飾更顯美艷。（三）種類繁多，可自由選吃。（四）個人費用減少。（五）宴會時間有伸縮性可隨時前往。

在旅館方面則：（一）可在一定的場所內容納更多的客人。（二）不必提供等候室。（三）減少服務人員。（四）降低餐食成本（五）多推銷飲料等的好處。

第6章 市場行銷

第一節 市場行銷功能

旅館業的市場行銷有四個主要功能：

一、市場行銷調查

為適應瞬息萬變的市場環境，必須蒐集有關行銷各種資訊、分析產品、競爭及市場結構變動，以便瞭解及把握目標顧客的需求、供作正確的決策。

二、開發產品、訂定價格

根據目標顧客的需求、開發新產品和服務並調整與改進原有產品和服務，以迎合最新的潮流。訂定價格時，要確定價格範圍，研究訂價心理因素，制定訂價策略、所訂出價格應合理公平，對目標市場具有吸引力。

三、推銷產品

確定在推銷活動中，應向消費者提供何種信息。對內推銷必須樹立「人人都是推銷員」的信守觀念、動員全體員工，利用各種宣傳品、積極向來店顧客推銷，對外則以各種促銷活動，配合銷售人員的親自訪問，促使顧客對我們的產品和服務引起注意力、發生興趣，進而願意採取行動購買我們的產品。

四、銷售管道

根據顧客類別，確定直接銷售或間接訂房或訂席途徑，選擇合適的旅行社或代理機構，以便顧客隨時隨地方便訂購。銷售管道一經確定應制定工作計畫付諸實行。

第二節 行銷策略

行銷管理是由：

一、分析市場。
二、選擇目標市場。
三、制定行銷組合策略。
四、行銷活動

等四個環節所構成的。

餐飲業的行銷是業者以現有的，及潛在的消費者爲對象，搜尋他們的需要並開發能滿足他們需求的產品，並透過消費者滿足，來達到餐廳的營利目標。

爲了要滿足消費者的需要，必須發展一套整合行銷，（integrated marketing），即經由行銷四個因素組合的規劃來達成。通常叫做「行銷四P」：

一、產品規劃（product）。
二、訂價（price）。
三、分銷地點（place）。
四、促銷廣告（promotion）。

應根據自己所處環境和內部條件，制定行銷組合策略，把「四P」互相配合起來，進行最佳的組合，使這些行銷因素綜合地對目標市場發生作用。

爲讓讀者容易瞭解，擬就目前台灣各大飯店的餐飲部所實行的行銷策略，用圖表列舉示範如下：

餐飲部行銷策略規劃圖示

行銷工作	產品	價格	促銷	通路
	各國餐食	低價策略	國際美食節活動	各大媒體合作
	地方口味	（自助餐）	主題美食	同業、異業結盟
	菜單	高價策略	烹飪教室	、連鎖
	配合四季	（強調附加價值）	銷售相關產品	社區活動
	配合節慶	平價策略	（洋酒、肉品禮盒）	教育訓練活動
	配合特別	專案特價策略	公關活動	會議、住宿、餐
	會議餐宴		公益活動	飲、休閒等PACKAGE
	婚宴		優惠專案	健教合作
	各種特惠專案			視聽、媒體
				網際網路
				電子商務系統
				外燴
				外賣、外送
				進駐醫院、百貨
				公司、學校等市
				場

第三節 網路行銷

餐旅業傳統的行銷是以四P整合性行銷為主，而最常用的銷售通路是新聞媒體和公關活動，然而近幾年來，網路行銷卻成為行銷實務的另一個新武器、不過，雖然網路行銷的興起，帶來了革命性的影響，但卻不能完全取代了傳統行銷的概念，因為網路行銷的最基本特色在於將行銷概念、行為、策略等予以網路化和數位化，如能配合傳統行銷、相輔相成應用，必能發生錦上添花的作用。對旅館的行銷業務有正面的貢獻。

目前網路應用在餐旅界的主要作業範圍為：

一、利用電子郵件傳達資訊給顧客比使用直接郵寄更迅速更詳細，而且顧客的回應也有15%之多，然而對直接郵寄的回應只有2%，且需要四個星期後才能接到回答。

二、應用網路介紹飯店各種設備及特色，不但容易強化品牌形象，亦能提高知名度、塑造自己專業價值。

三、可促進一對一的溝通、加強顧客關係。

四、網路訂房比傳統訂房方式可以節省一半費用，而且顧客可將自己喜愛的房間型態繪畫給旅館知道。

五、雖然網上可以訂房或規劃旅遊行程，旅行社仍然有存在的必要，只是其服務內容，較注重於旅行商品的統合包裝工作，或替公司機關，交涉減輕旅行費用及專業性建議並收取代辦費用以代替傳統的佣金收入。

六、顧客也可以在網上選擇菜單內容再予訂席。旅館亦可替顧客安排及規劃宴席或會議需求事項和細節。

誠然，行動電話，隨身電腦配合網際網路、不但改變我們的生活方式、也革新餐旅業的行政管理、作業系統、人事結構和行銷業務。

然而，高科技越進步神速，顧客越迫切需要高度的人性化、感性化，和溫馨化的服務，這也就是餐旅業的本質和存在的價值以及時代所賦予的使命吧！

（註）店面加網站的行銷策略，英文稱為bricks and clicks。

第四節 餐廳的推銷法

餐廳服務員要作好推銷工作，必須要懂得商品知識、服務的方式，能察眼觀色和溝通的技巧：

一、瞭解菜餚的成分和烹飪法。
二、知道何時應該宣傳推銷哪一種菜餚。
三、知道製作每一種菜餚所需時間。
四、如果看出顧客在趕時間，服務員就要建議烹飪快速的菜餚或熟食。
五、顧客喝完第一杯酒四分之三的時候，把握給他斟第二杯時，建議他再喝一杯，他就認為在上主菜之前，他還有時間再喝點酒。
六、建議顧客利潤較高的菜餚，也要懂得各種菜餚的配菜。
七、瞭解菜單上的術語和解釋。
八、知道各種菜餚的正確上菜和服務方式。
九、隨時能看出顧客的需求。
十、瞭解酒水的服務和銷售的重要性。

第五節 餐飲推廣

在今日競爭激烈的餐飲市場中，為增加客源、提高營業額，餐飲作業，由接待服務、菜單設計、環境氣氛、餐飲的提供與展示等各階段，都應該重視如何創造特殊的用餐經驗，使顧客滿意而能再度惠顧的焦點上。所以餐飲部應經常把握市場變動的新趨勢、開發創意菜色，促銷本餐廳的招牌菜和當地傳統特色菜餚，並推出無酒精的混合飲料，水果酒或葡萄酒類等清淡飲料，以彌補傳統酒精濃厚的酒類收入之不足。

現代人對於飲食的期望，不僅僅滿足於果腹充飢，而是特別講究色、香、味、形、感等全方位的綜合藝術美的享受和體驗，因此，要使顧客得到滿意必要達到五個「S」的條件。即：

一、stomach（胃覺）。
二、seasoning（味覺）。
三、smell（嗅覺）。
四、seeing（視覺）。
五、spirit（精神的感覺）

第六節　宴會業務

宴會部爲餐飲營業最主要之部門，該部可分爲銷售和服務二個部門，兩者必須密切配合，互爲依存，共同合作，以爭取更多業務，而提高收益爲最終目標。

銷售部由銷售部經理負責，他接受總經理領導，下面設置三個部門（視各飯店規模大小及營業政策而定）：

一、是團體、會議銷售、負責招徠各種會議和團體賓客。
二、是宴會業務銷售，負責招攬、接待本地企業團體的集會或宴會。
三、是宣傳促銷，負責利用廣播、電視、報紙、雜誌等媒體，辦理廣告及宣傳，同時也要負責旅館對外之公關，以便建立良好的關係與形象。

負責宴會部銷售業務通常爲宴會部經理。下設若干銷售業務員（代表），負責實際銷售宴會、婚宴、舞會、酒會或其他社交事項業務，應利用通訊、電話，或個別訪問及追蹤等種種方法，和各界保持接觸。本身應對餐飲之銷售，具備專業知識，並瞭解各種場所之佈置方法、對菜單之安排，有獨特創意，以博取顧客的信賴。

所有銷售業務安排就緒後；就由宴會服務組負責接辦。

辦理宴會成功要領：

一、隨時有人在現場負責。
二、儘量將辦公時間延長。
三、電話隨時有人接聽。
四、視聽技術人員，隨叫隨到。
五、特別注意暖氣、冷氣，和燈光的調整。
六、音響系統更需加以注意。
七、門的開關，沒有砰然作響聲音。
八、會場供應筆記簿夾、糖果、鉛筆、冰水等。
九、嚴守時間，準時完成交辦事項。
十、供應休息時間的咖啡、甜點要特別用心。
十一、委員桌的服務更要愼重以赴。
十二、桌上立牌、數字要明顯易讀。
十三、要提供有限的倉庫供放置開會用印刷品。
十四、協助設計菜單並予校正。
十五、提供參加開會者良好的留言服務。

宴 會 作 業 通 知
EVENT ORDER

REF NO：

宴會日期：2001 年　　月　　日 / 星 期　　　　發文日期　　年　月　日

呈　送
- ☐ 總經理
- ☐ 營運總監

受文單位
- ☐ 主　廚
- ☐ 點心廚
- ☐ 桂冠廊
- ☐ 餐務組
- ☐ 客務部
- ☐ 總　機
- ☐ 房務部、公清、布巾室
- ☐ 服務中心
- ☐ 長榮保全
- ☐ 工程部
- ☐ 物管部
- ☐ SPA 部
- ☐ 人資部
- ☐ 財務部
- ☐ 業務部
- ☐ 公關部
- ☐ 美　工
- ☐ 其　它

宴會名稱：					統一編號：
宴會地點：			菜價每人$	菜餚屬性	訂　金：　付款人＿＿＿＿　接洽人＿＿＿＿ NT$ ＿＿＿＿
宴客時間：	性　質	預估人數	保證人數		付款方式　☐ 現金　☐ 信用卡 ☐其它方式 ☐ 票據 銀行帳號＿＿＿＿即期[或＿＿天內期票] ☐ 簽帳 收款日＿＿＿收即期票[或＿＿天內期票]
連絡人：		連絡電話：			餐廳出納注意事項：

菜　譜	會 場 擺 設 圖

宴客酒水：

工程部注意事項：
☐ 卡拉 OK　☐ 備音響　☐ 無線麥克風
☐ 有線麥克風　桌式 X　有線立式 X

花坊項目：
- ☐ 自助餐檯　高　低
- ☐ 羅馬柱　☐ 花門　☐ 迴旋梯　☐ 造景
- ☐ 蛋糕車　☐ 主桌花 ☐ 演講台　☐ 接待桌
- ☐ 花束　☐ 胸花　☐ 接待桌花　☐ 舞台
- ☐ 旋關桌　☐ 會議桌
- ☐ 圓桌花 20 人
- ☐ 圓桌花 16 人
- ☐ 圓桌花 12 人

業務部&訂房組注意事項：

客人資料：
現場負責人　：
連絡地址　：
其　他　：

文宣海報字樣：

PREPARED BY ＿＿＿＿＿＿　EX..2855　餐廳副理 ＿＿＿＿＿＿　餐飲部經理 ＿＿＿＿＿＿

資料來源：大億麗緻酒店提供

宴會變更單
AMENDMENT FORM

發文日期：　年　月　日
On Event Order No ______

宴會日期：　年　月　日　星期　　時間：
Event Date ____/YR____/MO____/Date____/Day____　Time ________
宴會名稱：　　場地：
Name of Event ________________________　Venue ________
變更 / 連絡人：　　酒店接洽人：
Change by/Contact Person ________________________　Hotel Contact by ________

更改項目 Change Item	FROM	TO
人數：Pax	________	________
場地 Venue	________	________
日期 / 星期：Date / Day	________	________
時 間：Time	________	________
告示欄：Signboard	________	________
價格：Menu Price	________	________

其他需求 / 更改項目
Other Requirement / Changes

受文單位

- ☐ 餐飲辦公室　☐ 餐務組　☐ 財務部　☐ 總　機
- ☐ 長　園 ×2　☐ 業　務　☐ 客務部　☐ 人資部
- ☐ 主　廚　☐ 公　關　☐ 房務部　☐ 長榮保全
- ☐ 點心廚　☐ 美　工

客戶簽章：________

資料來源：大億麗緻酒店提供

宴會廳檢查表

日期：

早班檢查表	是	否
1 燈具是否不亮		
2. 空調		
3. 廚房餐具是否歸位		
4. 環境檢查		
5. 開熱水器…咖啡機		
6. 確認E.O		
7. 確認海報、菜單		
8. 開倉庫		
9. 開冰箱		
10. 開ball room 門		
11. 抹布清洗		
12. 檯布送洗		
13. 追海報		
14. 文件歸檔		
晚班檢查表		
1. 關燈		
2. 關冷氣		
3. 海報是否更換、收回		
4. 餐具、傢俱是否歸位、定位		
5. 安全逃生門是否積物品		
6. 倉庫.辦公室是否上鎖		
7. 水源是否關閉		
8. ball room 上鎖		
9. 熱水器是否關閉		
10. 咖啡機是否清洗		
11. 拖把是否清洗、晾乾		
12. 倉庫是否整齊、清潔		
13. 追後三天的菜單		
14. 辦公室整理、倒垃圾		

早班檢查者：　　　　　　晚班檢查者

資料來源：大億麗緻酒店提供

日期：

會議前檢查表

	是	否
1.檢查海報是否掛好		
2.檢查接待桌物品是否齊全		
3.檢查地毯清潔		
4.檢查桌椅是否標齊對正		
5.檢查空調是否開放		
6.檢查音響設備麥克風座是否備齊(麥克風是否有電)		
7.檢查燈光是否開放		
8.紙/筆/水杯/薄荷糖是否放擺整齊、定位		
9.AV 器材是否測試OK.延長線是否準備完成		
10.白板/螢幕/簡報架是否定位		
11.COFFEE BREAK 備品是否齊全(含咖啡杯.盤.叉.糖.奶)		
12.4F 的 MEETING 需備桌墊		

資料來源：大億麗緻酒店提供

第七節 如何爭取國際會議

台灣正在發展觀光事業之高潮中，應該注意到如何招徠更多的國際會議，以便推廣會議市場及增加商務旅客的來源。

要舉辦一個成功的國際會議，必須依賴下列三方面的共同協力與合作，才能順利達成：

一、負責辦理國際會議之職員。
二、大飯店之職員。
三、國際會議局之職員。

第一項所謂負責辦理國際會議之職員也就是直接辦理該會議內容之買方。第二項所指的是大飯店的業務推廣部負責人。換言之，就是提供會議所需之住宿設備或場所之賣方。介乎上述兩者之間之國際會議局職員也就是代表舉行會議之都市，而致力於推銷該都市會議設施的重要負責人員。

國際會議局之職員實爲各種團體組織之中心。其份子包括：政治的、宗教的、公共團體、醫學、工商業或從事觀光事業等團體在內。

這些團體或組織有時定期或不定期舉行會議。其主要目的在於檢討研究如何誘致更多的國家會議在他們自己的都市內舉行。

一般所謂國際會議之舉行，大概需時四、五天，飯店在會期中不但收入增加，尤以餐飲方面之收入更爲驚人。

國際會議之舉行，不僅要重視其內容，由於來自各地的許多人匯集一堂，尚可促進友誼之交流，與繁榮該地區之經濟並提高政治地位，因此負責辦理國際會議之職員應在各方面，盡最大努力以期有豐碩之收穫。適合舉行國際會議之場所，至少必須具備下列之條件：

一、該地是否擁有充足之會議設備，尤以旅館是否具備強大的收容力。以便容納參加會議之人員。

二、是否設有國際會議之專辦機構，以便提供最詳細而完整之資料。

在美國以國際會議馳名於世之都市，諸如：紐約、芝加哥、舊金山、及夏威夷等均設有國際會議局，專責辦理招待國際會議之事務，實值得作爲我們借鏡。

其全名應爲Convention and Visitors Bureau，該局係由各種觀光有關行業之人員選出代表參加而組成的。其目的不但要大家聯合起來同心協力發展該都市之觀光事業，同時致力於招徠更多的國際會議。

那麼站在飯店的立場，到底應如何去爭取國際會議的舉行呢？一般說來，飯店用來招徠個人客的方法是利用雜誌與報紙的廣告最爲普遍，如欲招徠團體客人則依賴旅行社之密切的合作，然而爭取國際會議之最有力機構卻是國際會議局。在美國，除了規模較大之會議必須通過舉行會議地之國際會議局之事前愼重安排與努力外，其他的一般中、小型會

業務推廣經理
接待組
宴會組
會議組
顧客資料組
廣告宣傳組
公共關係組
餐飲推銷組
館內推銷組

業務推廣單位之組織

議則須依賴飯店之直接努力推銷。

為應付此種需要，飯店除應備有一般旅客用之宣傳摺頁外，更應齊備專為國際會議用之詳細目錄，其設計必須外表美觀大方，內容豐富，詳細週到、圖文並茂，包括會議場所之照片，平面圖及詳細說明文字等。

國際會議之招徠，除依靠上述三個機構之努力外，必須該都市之政府機關與人民團體，以至於市民之熱誠支持與合作才能順利達成的。

開會準備工作一覽表

Convention Planning Guide and Check List

1.ATTENDANCE

☐Total number of convention registrants expected

2.DATES

☐Date majority of group arriving

☐Date majority of group departing

☐Date uncommitted guest rooms are to be released

3.ACCOMMODATIONS

☐Approximate number of guest rooms needed, with breakdown on

☐singles, doubles and suites

☐Room rates for convention members

☐Reservations confirmation： to delegate, group chairman or

☐association secretary

☐Copies of reservations to：………

4.COMPLIMENTARY ACCOMMODATIONS AND SUITES

☐Hospitality suites needed-rates

☐Bars, snacks, service time and date

☐Names of contacts for hospitality suites, address and phone

☐Check rooms, gratuities

5.GUESTS

☐Have local dignitaries been invited and acceptance received

☐Provided with ticket

☐Transportation for speakers and local dignitaries

□If expected to speak, even briefly, have they been forewarned

□Arrangements made to welcome them upon arrival

6.EQUIPMENT AND FACILITIES

□Special notes to be placed in guest boxes

□Equipment availability lists and prices furnished

□Signs for registration desk, hospitality rooms, members only tours, welcome, etc.

□Lighting-spots, floods, operators

□Staging-size

□Blackboards, flannel boards, magnetic board

□Chart stands and easels

□Lighted lectern, Teleprompter, gavel, block

□P.A. system-microphones, types, number

□Recording equipment, operator

□Projection equipment, blackout switch, operator

□special flowers and plants

□Piano (tuned), organ

□Phonograph and records

□Printed services

□Dressing rooms for entertainers

□Parking, garage facilities

□Decorations-check fire regulations

□Special equipment

□Agreement on total cost of extra services

□Telephones

□Photographer

□Stenographer

☐Flages, banners, Hotel furnishes, U.S. Canadian, State flags
☐Radio and TV broadcasting
☐Live and engineering charges
☐Closed circuit TV

7.MEETINGS

(Check with hotel prior to convention)
☐Floor plans furnished
☐Correct date and time for each session
☐Room assigned for each session: rental
☐Headquarters room
☐Seating number, seating plan for each session and speakers tables
☐Meetings scheduled, staggered, for best traffic flow, including elevator service
☐Staging required-size
☐Equipment for each session (check against Equipment and Facilities list)
☐Other special requirements (Immediately prior to meeting, check)
☐Check room open and staffed
☐Seating style as ordered
☐Enough seats for all conferees
☐Cooling, heating system operating
☐P.A. system operating; mikes as ordered
☐Recording equipment operating
☐Microphones; number, type as ordered
☐Lectern in place, light operating
☐Gavel, block

☐Water pitcher, water at lectern

☐Water pitcher, water, glasses for conferees

☐Guard service at entrance door

☐Ash trays, stands, matches

☐projector, screen, stand, projectionist on hand

☐Teleprompter operating

☐Pencils, note pads, paper

☐Chart stands, easels, blackboards, related equipment

☐Piano, organ

☐Signs, flags, banners

☐Lighting as ordered

☐Special flowers, plants as ordered

☐Any other special facilities

☐Directional signs if meeting room difficult to locate

☐If meeting room changed, post notice conspicuously

☐Stenographer present

☐Photo grapher present （immediately after meeting, assign someone who will）

☐Remove organizational property

☐Check for forgotten property

8.EXHIBIT INFORMATION

☐Number of exhibits and floor plans

☐Hours of exhibits

☐Set up date

☐Dismantle date

☐Rooms to he used for exhibits

☐Name of booth company

☐Rental per day
☐Directional signs
☐Labor charges
☐Electricians and carpenters service
☐Electrical, power, steam, gas, water and waste lines
☐Electrical charges
☐Partitions, backdrops
☐Storage of shipping cases
☐Guard service

9.REGISTRATION

☐Time and days required
☐Registration cards; content, number
☐Tables; number, size
☐Tables for filling out forms; number, size
☐chairs
☐Ash trays
☐Typewriters, number, type
☐Personnel-own or convention bureau
☐Water pichers, glasses
☐Lighting
☐Bulletin boards, number, size
☐Signs
☐Note paper, pens, pencils, sundries
☐Telephones
☐Cash drawers number, size
☐File boxes, number, size
☐Safe deposit box（immediately prior to opening, check）

□Personnel, their knowledge of procedure
□Policy on accepting checks
□Policy on refunds
□Information desiresd on registration card
□information on badges
□Ticket prices, policies
□Handling of guests, dignitaries
□Program, other material in place
□Single ticket sales
□Emergency housing
□Hospitality desk
□Wastebaskets
□Mimeograph registration lists（if delegates fill out own registration cards）
□Set up tables away from desk
□Cards, pencils in place
□Instruction conveniently posted
□Tables properly lighted（During registration, have someone available to）
□Render policy decisions
□Check out funds at closing time
□Accommodate members registering after desk has closed

10.MUSIC

For：□reception	recorded or live
□banquet	recorded or live
□special events	recorded or live
Shows	

☐entertainers and orchestra rehearsal

☐Music stands provided by hotel or orchestra

11.MISCELLANEOUS（entertainment）

☐Has and interesting entertainment program been planned for men, women and children

☐Baby sitters

☐Arrange sightseeing trips

☐Car rentals

12.PUBLICITY

☐Press room, typewriters and telephones

☐Has an effective publicity committee been set up

☐Personally called on city editors and radio and TV program directors

☐Prepared an integrated attendance-building publicity program

☐Prepared news-worthy releases

☐Made arrangements for photographs for organization and for publicity

☐Copies of speeches in advance

第7章 人力資源發展

觀光事業是一個包羅萬象，多采多姿的綜合產業；而旅館業實爲觀光事業發展的原動力。是屬於附加價值高，層面廣泛，發展潛力極高的服務產業。其在現代人類生活領域中，已扮演著極爲重要的領導角色。

經營旅館的構成要素是：人力、財力、物力及行銷力。而其中以人力最爲重要。因爲旅館是爲服務「人」而由「人」來營運的組織體、即使科學再進步、機械化、電腦化、發展神速，還是必須運用人力來達成所預期的目標。人力乃決定企業的成敗與盛衰的重要關鍵。

常言：員工是公司的資產，可是僅僅擁有，並不足以稱之爲資產，應該設法如何使員工發揮其能力，潛力，成爲動力及戰力而貢獻社會，才有其價值。可見，發展人力資源的重要性。

尤其，今後旅館的經營，隨著經濟快速成長，生活水準與品質的提高，規模日漸龐大，組織日形複雜，市場趨向國際化、連鎖化、設備廣泛化，機能更爲多樣化，而其所負現代使命：對國民外交的推動，國際貿易的促進，社會經濟的繁榮，就業機會的增加，外匯收入的增長，文化教育的推廣，以及國民旅遊的提倡等等對國家社會的貢獻，更是輝煌無比。

簡言之：旅館業是屬於：

一、人力密集化。
二、服務專業化。
三、功能多樣化。
四、資訊環球化。
五、經營多角化。
六、市場國際化。
七、管理人性化的現代化服務產業。

旅館商品的特性：

一、其商品價值，無法在事前予以確認。
二、因屬於固定設備，無法移動。
三、惟有在提供服務時，才能加以評價。
四、提供服務同時，即完成消費行爲。
五、顧客對於服務價值的判斷：固以本人之滿意度爲依據，較爲主觀。

由此可見，要提高服務品質，必須先培養訓練人力之素質，使能以人力發揮其最高的服務精神、使旅客有「賓至如歸」的滿足感，尊重感及信賴感。

第一節 如何吸引人力

一、樹立正確的服務觀念

服務是爲肯定人、事、地、物的價值所做的特別努力，服務所給予的是一種經驗品質，是超物質的，如果沒有一點文化水準，生活品味，是無法瞭解服務的眞義。因爲當一個國家經濟發展到想要追求更精緻的生活品質時，才有服務業的產生。

當我們提供產品給顧客時，產品的價值，遠不如將產品呈現給顧客的方式，換言之，產品本身的價值只佔總價格的四分之一，而服務的價值卻三倍於產品。實際上，我們給予顧客的是滿足感，信賴感及尊重感，而我們自己也獲得成就感，榮譽感及使命感。

爲別人服務是一種眞誠的「施」與「受」。國父說：「服務是我爲人人，人人爲我」。人如果能服務別人，不但使人滿意，也能使自己在「善」的快樂與成就感中得到滿足。「服務別人成長自己」就是這個意思。因爲顧客給我們一次成長歷練的機會，我們應該抱著一顆感激的心呢！！

每個人需要「待遇」以維持生活的基本需要，但我們更須滿足「安全」、「愛與隸屬」，「自尊與尊重」與「自我實現」的心理需求這就是服務的可貴及偉大的所在。只要能「不要爲生活而工作，而是要爲工作而生活」，我們自然會熱愛工作，去敬業樂群，就會感到「人生是以服務爲目的」的成就感，而生活自然會過得更充實，更富有活力而多采多姿。

二、提高旅館業的社會地位與形象

重新界定旅館的業務範圍，以便使這個行業的核心免受競爭者的攻擊，使其更專業化，能夠始終保持領導地位，以吸引更多的人嚮往於這一行業。讓青年們瞭解旅館在觀光事業中所扮演的角色之重要性，其對地區建設，國家經濟發展，國際親善，貿易之促進，提高社會及文化地位方面的貢獻是任何行業所望塵莫及的。

尤其是旅館之未來發展，必更能發揮：（一）國際化，（二）現代化，（三）特色化，及（四）多樣化的機能，成爲一個兼具社會化與個性化功能的綜合性經營體。重新樹立旅館對國家社會貢獻的新形象，而不應該只停留在傳統的單純機能。

想要吸引更多人力參加這一行業，必須明確宣示其企業對社會之責任、企業之文化，未來之願景以及提昇社會地位，才能夠招徠更多的人喜愛從事這一行業。

三、管理、待遇及福利制度

一般青年人對於旅館的初步印象是，工作時間既長而工作又枯燥乏味，而且待遇平平，同時，不安定又無保障，更無發展前途。因此，除在人事政策方面要特別加強「家庭情感」外，應注意選擇適合人材，須知比年齡，教育程度，銷售知識，聰明才智等條件更重要的是品格，隨機應變能力彈性大，懂得察言觀色及眞正會關心顧客的員工。同時，告訴員工有關內部升遷制度的健全，發展進修機會甚多以及完善的福利制度，尤應特別注重激勵員工，在於「有效的溝通」及提高員工的參與感。

在管理上，應採用人性管理，即所謂「四H」，（一）人性，human，（二）希望，hope，（三）幽默，humor，（四）榮譽，honor。換言之，以「人性」的尊嚴，尊重員工，多「理」，少「管」的方法，給以將來發展的「希望」，並處之以「幽默」的口氣相處，讓他覺得對於自己的工作與服務他人是一種最高的「榮譽」及成就感的表現。並採取開放政策，多聽聽他們的心聲與建言，使他們有機會自我表現的空間，培養成爲；既是服務專家又是服務顧客：「Master of service, and, service to master」的優秀人材。

四、宣傳與溝通

人才的訓練與培育並非朝夕之功，尤其對於新進員工如何地施以職前訓練，使他們具有專業知識與服務技能，適合於本身旅館獨特典型的基本人才而發揮人盡其才的宏效，實爲影響服務業經營，成敗的主要關鍵。比方對業經錄取之仍在學的未來員工，在畢業前四個月，利用函授方式，每個月寄發講義，讓他們在學期間，對自己未來將就業的公司，就有一初步的認識與瞭解，而在畢業後，向公司報到時，再予實地訓練四個星期，前二星期集中，後二星期個別訓練，合計五個月的職前訓練，個個基層人員均可隨時踏上第一線擔任實際工作。

採用這種到練方式的優點是：

（一）社會教育與職業教育，可同時進行，養成員工對社會應盡的責任感，使命感與榮譽感。

（二）集中訓練並重，可培育通才的幹部。

（三）函授教育，配合實地訓練，闡明精神教育與專業教育兩者的重要性，更加強了學習的效果。

（四）訓練時採用的通訊，講授，視聽器材，實地研究，個別指導，綜合討論，不但可加強記憶與印象，更能提高學習的興趣。

（五）在學期間，員工已對旅館的狀況，有個全盤的瞭解，所以對自己未來的工作，只有堅定的信心。

（六）在函授期間，員工與公司之間，已有了思想的溝通，又可向別的學生宣傳飯店，彼此間，已建立濃厚的友誼與情感，更加強員工對公司及本身之職業有了信賴感及安全感。

總之，當前最重要的是，要根據需要作長期而有效的訓練計畫。不可再有臨渴掘井、臨時抱佛腳等施以惡補或挖角的現象，才能吸引社會青年參加我們的行業。

第二節 如何培養人力

業者應瞭解人力資源輪轉的道理。那麼，自然會致力去培養人材。所謂人力資源輪轉就是：

一、員工薪水高，他的滿意度也隨之提高，流動率當會降低，且訓練成本也會減低，但服務的附加價值更高。

二、顧客滿意度高，自然會降低行銷成本，然而附加價值仍然很高。

三、給予員工發展機會大，他的技術水準當然必會提高，影響所至，附加價值更高。

目前在培養員工的方面，有許多地方需要加強改進：

一、業者方面

（一）只偏重於職前訓練，卻忽略職後及在職訓練。

（二）雖有基層人員的訓練，卻忽略中級及高級人員的訓練，以致於沒有一貫化，系統化、連鎖化及持續化。

（三）缺乏良好的訓練環境及氣氛，自然無法提高學習的興趣。

（四）施教應配合社會環境的變化，否則只流於形式，而不切實際，學非所用。

二、社會方面

（一）各訓鍊機構的教材規範不一，且與實際作業脫節，所獲效果不彰。

（二）學員程度不同，良莠不齊，所訓練出來的水準差別甚大。

（三）訓練時間太短，且在設備、師資與教材方面均不甚理想。

三、政府方面

（一）目前雖舉辦有各種講習，或訓練班，但因時間短促、師資缺乏、教材無統一、政府雖有熱誠，但業者反應不一。

（二）在高普考觀光行政部門放寬錄取名額並補助研究機構或社團訓練經費，以期配合。

四、學校方面

（一）要尋找理論與實務互相配合之師資較難，應考慮放寬任用資格，或多與旅館協調邀請主管專題演講，或老師與旅館訓練經理多交流交換意見改進。

（二）教材及教法，應調整教育內容與方式，可分爲基本學術發展及外界環境需要或分組爲：1.餐飲，2.旅館，3.旅行業及4.觀光行政管理，以培育專業人材，始不致於樣樣學、樣樣學不好。

（三）爲使建教合作更爲落實，應明確規定在旅館實習的學分也應計入。尤應特別重視職業道德，倫理之教育。

總之，在培養人力方面，本人認爲：「教法」勝於「教材」、「教導」勝於「教育」，「教化」勝於「教訓」，「教師」勝於「教室」，「身教」勝於「言教」，而「心教」更勝於「施教」。

第三節 如何確保人力

我們雖然花費了不少寶貴的時間與心血在員工的招募上，以及培養上，辛辛苦苦所訓練出來的人材，如果無法確保他們，對我們所爲的一切努力等於前功盡棄，而失去的優秀員工，對旅館來講更屬一大損失。

要確保員工，必須先找出員工所以離職他遷的潛在原因，以便採取適當的對策，一般說來使員工離職的原因不外：

一、薪資過低，福利不佳。
二、工作條件不良。
三、領導統御不正確。
四、想向外發展。
五、家庭因素。
六、缺乏良好訓練與指導。
七、工作內容，負荷過重，無法適應。
八、升遷無望。
九、工作無保障。
十、其他。

改進之道在於：

一、調查員工不滿之原因，認爲可以改善的應即加以改善。
二、將人事管理的計畫文書化，使每個員工透徹瞭解。
三、應將人事方針、規則、手續明確印成手冊，使用幽默易解或圖畫說明等，分配員工。
四、讓員工瞭解公司的組織。

五、有明確的指導方針，用心培養人材，相機提拔幹部。

六、明確劃分工作，分別權責，分層負責。

七、評價工作內容，支付適切報酬，作到同工同酬。

八、每月將考績成果通知員工。

九、舉行會議，接受員工的意見與提案。

十、研究每月生產性及離職比率。

十一、誠心稱讚員工優異的表現。

十二、確立完善的福利制度。

十三、明確獎懲撫卹制度，設立工作標準。

旅館既爲服務的企業，其經營之成敗，全有賴於員工之同心協力，群策群勵之精神，因此，誰能抓住員工的心，不斷加以鼓勵、尊重、讚美，使其安居樂業，誰就是成功的管理者。企業主應將其經營的理念，變成企業內認同的行爲基準，或價值觀，使其成爲企業的文化，而在其原則下，運用各種策略：

一、福利化政策。

二、人性化管理。

三、學習化環境。

四、將員工當作企業化夥伴，訂出各種管理規章。

善用天時（工作時間）、地利（工作環境）、人和（工作關係），再透過主管的開明與開放的作風，創造安全及切合員工生涯發展的空間，讓員工擁有開闊，開展的天地，以關懷的心胸共創一個福利、人性、學習、共營、共享的現代化企業。惟有如此，我們的人力資源才能有前瞻性的發展。

第四節 管理者訓練

美國密西根管理研究所曾經作了一次調查，即將管理者之型態分爲三類。第一類謂之生產中心型，第二類爲從業人員中心型以及第三類之混合型。

所謂生產中心型的管理者，是指管理者認爲要完成其所屬部課之工作，應由管理者本身負主要責任，至於他的部屬，爲了完成工作，只要默默無言地，按照主管所指示之命令逐行工作就是。

換言之，這種管理者認爲一切由他作決出，或下令，同時不斷從旁監視部屬是否認眞的執行自己所決定之事項或命令。

第二種管理者，亦即所謂從業人員中心型的管理者。他們認爲既然自己的部屬在從事實際工作，應由部屬本身去判斷工作，而且由部屬負主要責任。

管理者的主要任務並非下命令，而是要調整部屬的工作。並維持和藹的工作環境。

過去的一般觀念，總是認爲工作的推行，由管理者嚴格監督部屬去推行才能順利完成，不容有所疏忽，以致工作人員不集中精力而造成懶散的現象。

但是，根據美國密西根管理研究所所得結果，卻顯示從業人員中心型的管理方式，反而能夠發揮工作的效率而提高其生產性。他們認爲採用生產中心型的管理方式，不但違反了現代的理論與時代的潮流，其結果只有降低生產性。

筆者認爲一個良好的管理者，應使工作人員本身負起高生產性的責任，也就是應該採用從業人員中心型的管理方式。當然，這並不是說從業人員中心型是個十全十美的方式。這就要看管理者本身是否能夠視環境之如何，去配合他自己的管理法了。

最好的管理法是要看工作內容的如何與部屬要求的程度以及配合管理者本身的能力加以隨機應變。

換言之，一個主管人員要能夠隨時順應部屬的工作意欲，配合環境之需要，從旁加以懇切指導，隨時提供完成工作所需之情報，去協助完成其工作。

但所謂隨機應變並非指主管人員可以隨時任意變更其態度或無主意的意思。主管人員對部屬的評價必須抱有他自己的主見，也就是就主管人員應考慮部屬工作負擔能力，不可讓部屬負起其能力所不及或遠不及其能力之工作。

要而言之，在不使部屬過份疲勞之範圍內，讓他盡情去工作，管理者並非站在支配部屬的地位，而是協助部屬。

並非自已動手代部屬工作，而是從旁協助其順利完成工作。

一方面不僅要瞭解部屬，同時要讓部屬知道管理者確實地在努力瞭解他們。

一個優秀的管理者不但對部屬之能力有確切的評價，而且要有信賴部屬的胸襟。

綜合以上所言，一個具有現代觀念的旅館管理人員，應不斷努力以更客觀的立場，去觀察部屬，然後根據這些客觀的分析，在管理者與從業人員之間建立彼此間的信賴感，而在這種信賴感之下，讓從業人員自己認爲他們是具有「自主性」的工作者，這樣才能夠圓滿達成所預期的工作效率。

第五節 幹部訓練

旅館工作人員以及有志於此業的青年們，只要富有進取的精神，奮發向上的熱忱，莫不關懷自己的前途，也莫不嚮往於將來能當一個多彩多姿的經理。然而，由於缺乏經驗及先進之指導，往往成了迷途的羔羊，徬徨不知所措，更不知如何修身、求學，去充實自己爲前途闢闢一道曙光。

旅館是一種包羅萬象規模宏偉組織複雜的現代化綜合企業，一個優秀的經理必須能夠將人、事、時、地、物等各樣要素密切配合起來，加以適切的運用，用他的人格、才智、能力去團結群力，推動整體，發揮最高的管理效果。

當然一個經理是無法萬能的，我們暫把現任的旅館經理分爲五種型，其中有的長於某型，有的兼備數型之優點，各有專長，無法一概而論：

一、善於交際的（交際型）。
二、強於推銷的（推銷型）。
三、精於專業知識的（專業型）。
四、長於人事管理的（人事型）。
五、富於經營管理的（管理型）。

從以上五個型，不難看出一個經理應具備之條件，換言之，他應該具備：一、專業的知識。二、管理的才能。三、實際的經驗。四、高尚的人格。五、更要有外語的能力，及六、財務的知識，簡而言之，一位成功的經理，必須能把上述的要素，融合於一身。因而在此爲追求這一目標的青年們，擬定一張經理訓練計畫表，這一張計畫表，僅著重於業務上的知識，其他應具備的條件就得靠自己努力、智慧，不斷去追求、體驗、改進、充實。

這張表，也可視爲教學的參考資料，更可做爲你進修的指針，由此可以全盤了解整個旅館的業務概況。只要你有信心、有把握、有毅力，向此目標勇往邁進，奮發向上的話，相信必能達成你最終目標——未來的經理——願共勉之。

旅館經理訓練計畫表
Hotel Manager Training Program

第一個月	第二個月	第三個月	第四個月	第五個月	第六個月
front office	front cashier	room	restaurant & bar	banquet kitchen	management
櫃台	出納	客房	餐廳、酒吧	宴會、廚房	管理階層
旅館全盤的研究。 組織系統之認識。 旅館服務的基本研究。 旅館與旅行市場之關聯研究。 客房推銷計畫。 櫃台與其他部門之協調。	管理重點之把握。 旅館會計制度，外幣知識。 旅館內傳票處理，信用卡，應收未收帳款等之研究。 與其他各部門之協調、會計部門之聯繫。 櫃台與出納之綜合管理。	客房清潔、保養服務等之研究。 人員配置臨時人員之雇用與控制。 布巾類、家俱、消耗用品之管理。 櫃台、會計、採購、房內餐飲服務、修繕、保養單位之協調。 客房部門之綜合管理。	主要餐廳、各餐廳、酒吧實地研究。 服務方法、人員配置、訂價與成本之研究。 廚房、餐具室、烹飪經過之研究。 廚房、採購與倉庫之協調。 廚房臨時工作人員之雇用及控制。	宴會場所、服務、訂席、推銷計畫之研究。 各種宴會方式之研究。 廚房工作人員與廚師間之協調及管理。 餐飲部門之綜合管理。 成本與薪資之控制。	採購、倉庫、會計、財務、警衛、停車場、館外設備之管理。 電機、鍋爐、技術系統之管理。 人事總務、勞務之綜合管理。 總經理辦公室、研究計畫室、秘書室之協調。
department cost control 各部門成本控制			food & beverage cost control 餐飲成本控制		top management 最高階層之管理

餐廳外場訓練項目（一）

實習類別	實習日期	實習項目	打勾	實習指導員簽名	實習單位主管簽名	備註
基層人員	/	餐廳整體介紹：（A）組織架構	□			
	/	（B）服務型態	□			
	/	（C）工作區域的認識	□			
	/	服務技能操作：（A）擺設	□			
	/	（B）菜單認識	□			
	/	（C）倒茶水技巧	□			
	/	（D）更換煙灰缸技巧	□			
	/	（E）分菜叉匙的拿法	□			
	/	（F）分菜叉匙的操作	□			
	/	（G）布巾領送	□			
	/	（H）餐具擦拭保養	□			
	/	服務流程：（A）接待	□			
	/	（B）服務員準備工作	□			
	/	（C）STAND BY	□			
	/	（D）上菜	□			
	/	（E）分菜技巧	□			
	/	（E）收拾清理桌面	□			
	/	（F）跑菜	□			
	/	（G）酒單認識	□			
	/	（H）飲料服務方式	□			
	/	作業安全	□			
	/	清潔衛生	□			

資料來源：福華飯店提供

餐廳內場訓練項目（二）

實習類別	實習日期	實習項目	打勾	實習指導員簽名	實習單位主管簽名	備註
廚房作業	/	廚房整體介紹：（A）組織架構	☐			
	/	（B）服務型態	☐			
	/	（C）工作區域的認識	☐			
	/	（D）內部作業分組	☐			
	/	（E）菜色認識與介紹	☐			
	/	（F）領料	☐			
	/	（G）庫存與控制	☐			
	/	廚房生產流程：（A）水檯作業	☐			
	/	（B）食物初步處理	☐			
	/	（C）砧板作業	☐			
	/	（D）排菜與成份控制	☐			
	/	（E）接單-製作-裝盤-出菜流程	☐			
	/	食物處理烹調：（A）熱、蒸、烤處理	☐			
	/	（B）冷、湯、汁、飾	☐			
	/	電腦點菜作業	☐			
	/	清潔及衛生	☐			

資料來源：福華飯店提供

餐廳訂席組訓練項目（三）

實習類別	實習日期	實習項目	打勾	實習指導員簽名	實習單位主管簽名	備註
訂席組	/	訂席組整體介紹：（A）組織架構	☐			
	/	（B）責任劃分	☐			
	/	訂席接待：（A）電話禮儀	☐			
	/	訂席類型介紹：（A）會議、宴會	☐			
	/	（B）酒席、外燴	☐			
	/	訂席宴會場地：（A）場地大小	☐			
	/	（B）人數容量	☐			
	/	（C）桌椅排列方式	☐			
	/	（D）佈置類型變化	☐			
	/	（E）使用方式介紹	☐			
	/	（F）設備、餐飲介紹	☐			
	/	（G）場地參觀	☐			
	/	（H）推銷技巧	☐			
	/	（I）餐飲酒水、設備、租金相關計費方式	☐			
	/	菜單、酒單的認識：（A）開立菜單	☐			
	/	（B）配菜技巧	☐			
	/	簽訂合約細節注意事項	☐			
	/	訂席電腦系統功能操作	☐			
	/	發單注意事項	☐			
	/	訂席後續確認注意事項	☐			
	/	訂席更改注意事項	☐			
	/	各式單據、報表功能之介紹	☐			
	/	相關部門協調工作：（A）業務部	☐			
	/	（B）餐飲業務	☐			
	/	（C）各廳內外場	☐			

資料來源：福華飯店提供

餐飲部辦公室訓練項目（四）

實習類別	實習日期	實習項目	打勾	實習指導員簽名	實習單位主管簽名	備註
餐飲部辦公室	/	餐飲部：（A）組織架構	□			
	/	（B）服務型態	□			
	/	（C）工作區域的認識	□			
	/	（D）辦公室行政作業	□			
	/	餐飲業務代表：（A）工作職掌	□			
	/	（B）業務拜訪準備工作	□			
	/	（C）業務拜訪連繫	□			
	/	（D）執行業務拜訪	□			
	/	（E）拜訪後追蹤及建檔	□			
	/	（F）宴席相關連繫工作	□			
	/	（G）外燴業務	□			
	/	洗滌器皿：（A）餐飲器皿保養維護作業	□			
	/	（B）餐飲器皿清潔程序	□			
	/	（C）洗滌設備認識	□			
	/	（D）洗潔劑操作使用	□			
	/	清潔組：（A）責任區	□			
	/	（B）工作範圍	□			
	/	（C）餐飲清潔要點	□			
	/	（D）夜間清潔	□			
	/	作業安全	□			

資料來源：福華飯店提供

餐飲部領班訓練項目（五）

實習類別	實習日期	實習項目	打勾	實習指導員簽名	實習單位主管簽名	備註
領班	/	工作責任區：（A）熟悉區域劃分	☐			
	/	（B）各區特色	☐			
	/	（C）工作檯內容與特色	☐			
	/	工作職掌：（A）開單技巧	☐			
	/	（B）菜單解說	☐			
	/	（C）點菜技巧	☐			
	/	（D）配菜技巧	☐			
	/	（E）菜餚推銷技巧	☐			
	/	（F）酒水推銷技巧	☐			
	/	（G）服務人員工作分配	☐			
	/	（H）酒水報表製作與認識	☐			
	/	（I）餐廳領貨程序	☐			
	/	（J）餐廳器具之報廢	☐			
	/	（K）餐廳器具盤點	☐			
	/	（L）P.T.人員運用暨招募	☐			
	/	買單方式：（A）付現方法及流程	☐			
	/	（B）房帳注意事項	☐			
	/	（C）I.O.U.注意事項	☐			
	/	（D）信用卡注意事項	☐			
	/	（	☐			
	/	服務技能：（A）招呼／接待	☐			
	/	（B）訂位／座次安排	☐			
	/	（C）帶位	☐			
	/	大型宴會：（A）現場營運管理	☐			
	/	（B）宴會後注意事項	☐			
	/	服務品質控制	☐			
	/	顧客反應掌握與抱怨處理	☐			
	/	內外場合作協調	☐			

資料來源：福華飯店提供

第六節 員工訓練及職位分類

員工訓練

	業務	事務	接客	管理	調理
初級	接客技巧 商品知識 推銷技術 廣告知識 收款要領 櫃台登記 會場佈置 業務推廣	事務用品管理 現金保管 帳票與手續 會計、統計 資料整理	接待方法 商品介紹 現金管理 貴重物品保管 服務要領	物品管理 布巾管理 清潔要領 建築物營繕知識 巡邏要領 保安管理	餐具洗滌 食材洗滌 食品盤點 解凍要領 餐具保管 配膳 殘餚處理 安全衛生 出庫手續 菜單知識 採購驗收
中級	推銷技巧 市場調查 商品管理 廣告技術 抱怨處理	社會保險 文書處理 經營數學 勞動法 安全衛生 成本管理 財務會計	推銷技術 團體客接待方法	消耗品管理 盤存 備品管理 倉庫管理 清潔管理 傳票管理	作業分配 在庫管理 烹飪法 成本知識 調味技術 食品知識
高級	客房分配 顧客管理 商品設計 推銷計畫 資料管理 盜竊處理 交涉要領 租店管理 推銷預測 廣告計畫	經營數學 財務會計 帳務管理 人事管理 事務管理 稅法 資金運用 拾得物管理 預算、決算 附屬營業管理	抱怨處理 口才訓練 業界動態	倉庫管理 租店管理 保安管理 資材管理 成本管理	食品管理 安全衛生管理 作業改進 作業分析 成本分析

職位分類

初級人員

1.外務作業：
Bell man
Elevator operator
Apprentice telephone
porter
2.餐飲：
Bus boy
Bar boy
3.廚房：
Vegetable preparer
Kitchen helper
Storeroom helper
Warewasher
4.工務：
Plumbers helper
Electricians helper
Oilers helper
5.文書：
Typist
Clerk
6.會計：
File clerk
Checker
7.洗衣
Washer
Extractor
Presser

中級人員

1.一般性：
Secretary
Accounting clerk
Bookkeeper
Accountant
Night auditor
2.客房：
Room clerk
reservation clerk
assistant housekeeper
sales representative
Telephone operator
3.餐飲：
Kitchen steward
Baker
Roast cook
Wine Steward
Waiter captain
waiter
Hostess
Head waiter
Vegetable cook
Bartender
Receiving clerk
4.工務：
Plumber
Electrician
Oiler
Carpenter
Painter
Upholsterer

高級人員

General manager
Manager
Front office
manager
Controller
Executive house keeper
Catering manager
Chief steward
Executive assistant
manager
Sales manager
Convertion manager
Resident manager
Personnel Director
Auditor
Chef
Chief engineer
Banquet manager

第七節 管理者應有的認識

一、認識我們的任務

（一）提供最好的服務給顧客。
（二）提供安定的生活給員工。
（三）提供合理的投資報酬給投資人。
（四）提供社會的福祉給大衆。

以上是我們旅館業的任務，爲了要達成這些任務，我們必須要有良好的管理制度，去發揮最高的功能。

二、管理人員的基本工作

管理人員的基本工作：計畫、編組、協調、督導及管制，使所有員工、金錢、材料、方法及機器能夠發揮最高的功能。簡言之，管理的目的是要集結衆人的力量達成共同目標。

業務人員的工作是：採購、銷售、金錢處理，維護勞務，及運輸等工作。如果管理不能盡其功能，則業務無法增進效率，目標就無法達成。因此，旅館管理的成果是由一群同心協力的人們創造出來的。所以我們必須先要有一套管理「人」的哲學，因爲「人」是管理的原動力。

三、確立新的觀念

要使顧客滿意。必須先促使服務顧客的員工感到滿意。企業的目的雖然在於賺錢，但要想眞正賺錢必須先使員工敬業樂群，提高工作效率，去促使顧客滿意。顧客的滿意，才是我們管理的成功。

四、管理人員應有的特性

（一）要有良好的見解與員工同甘共苦，盡力克服一切困難。

（二）要能瞭解自己的責任，充實自己的學識，才能有所改善，有所進步。

（三）做事要先確立目標，要有貫徹到底的精神。

（四）以身作則，平易近人，領導態度要謙虛，才能獲得員工的信任與尊敬。

（五）對員工要有信心，不濫用權力。權力就像儲蓄的金錢，用的越少，則存的越多，要知道權力是存於責任之中，只有善盡責任，才能充分發揮權力。

（六）多聽取意見，作爲改進之參考。民主制度下的領導並不是單行道，上帝給我們二隻耳朵，就是要我們多聽取人們的意見。

總之，管理是一種控制人們的觀念之行爲，成功的管理是要能夠做到影響他人的思想和行爲，並能改變他人的人格。

第8章 如何籌備開餐廳

第一節 餐飲業的特性

第二節 營業範圍

第三節 如何做可行性研究

第四節 如何創造餐廳的魅力

第五節 顧客不歡迎的餐廳

第六節 顧客不歡迎的服務

第一節 餐飲業的特性

餐飲業是出售食物、飲料、服務和氣氛的感性兼理性，又是製造業兼服務業的生活綜合產業。

在要投資開餐廳之前，應先瞭解其特性及成功的條件，並經常掌握住時尚和潮流的演變，隨時強化經營的體質，和市場行銷策略，才能在競爭激烈的戰場中生存下去。

餐飲業的特性爲：

一、投資適切性。
二、地點適中性。
三、同業競爭性。
四、員工專業性。
五、經營複合性。
六、商品易腐性。
七、時間限制性。
八、產銷兼營性。
九、服務敏感性。
十、市場複雜性。

過去，經營餐廳失敗的原因雖然很多，但綜合起來，不外就是：

一、不明法令。
二、太過自信。
三、租金太貴。
四、股東不和。
五、缺乏專業。
六、人材難求。
七、不求創新。

八、浪費成本。
九、沒有制度。
十、溝通不良。

常言：「失敗爲成功之母」，只要能找出其眞正失敗的原因，作爲「前車之鑑」，並學習經營得法，成功者的寶貴經驗及吸收其優點作爲改進之參考，必有很大的幫助。

餐飲經營成功條件可條列如下：

一、地點適中、規模恰當。
二、資金充足、調度有方。
三、廚藝專精、菜餚別緻。
四、設備安全、講究氣氛。
五、專業管理、人事協和。
六、品質優越、服務滿意。
七、控制成本、價格合理。
八、重視員工、士氣高昂。
九、行銷高明、掌握市場。
十、研究發展、創意領先。

其實，以上幾點已將錯綜複雜的餐飲管理理論與實務的精華，簡明扼要地整理成條文，實可供讀者研習的參考。

第二節 營業範圍

首先應先回答下列問題：

一、要供應哪一種餐食？
二、價格定位如何？

三、採用何種服務方式（自助式、餐桌服務方式等）？
四、菜單內容如何？
五、店內希望有哪一種的氣氛環境？
六、誰是潛在顧客？
七、用哪一種烹飪設備？
八、需要多少員工？
九、儲備哪些物料？
十、營業時間又如何？
十一、估計有多少營業額？
十二、計畫地點在哪裏？

選擇地點應該注意事項：

地點的重要性在整個餐廳經營成敗中佔了五成左右的決定性關鍵。換言之，餐廳地點的營業範圍，營業型態、經營方針，以至於業績和消費者年齡、職業、收入高低等都有密切的關聯和影響。

一、地點是否明顯突出，吸引消費者注意力？
二、有無良好的停車設備？
三、要吸引哪一種顧客？
四、重新裝修或新建，估計費用多少？
五、附近有哪些公司行號？
六、有無公車或其他交通工具？
七、交通頂峰時間如何？
八、該地區有無新發展計畫？
九、該地區競爭者的平均銷售額多少？
十、有多少住家？

第三節 如何做可行性研究

可行性研究項目應包括：

一、市場分析。
二、計畫地點分析。
三、競爭分析。
四、需要分析。
五、建議設備及規模。
六、營運成果預測。

茲詳細分述如下：

一、市場分析

（一）人口成長：例如，人口變數、所得傾向、生活習慣。
（二）就業狀況：消費者職業、教育、社會階層、消費水準。
（三）零售業：營業類別，互補相乘效果。
（四）交通型態：交通系統、新建計畫。
（五）工商發展：公共設施、發展性預測、投資狀況。
（六）觀光市場：觀光流動量、消費行爲、休閒動向。
（七）當地旅遊特色：名勝古蹟、觀光吸引力。

二、計畫地點分析

（一）交通流量、人車通行量（車潮、人潮）、顧客交通方式、尖峰時間。
（二）進出路線、進出途徑暢通或有障礙點。

（三）能見度、地點適中、顯明突出、方便到達。
（四）鄰近區、繁榮情況、變遷趨勢。
（五）土地改革、政府對土地利用的管制政策，發展計畫。
（六）停車場、地點臨近、停車方便，或代客停車。
（七）政府規章法令：隨時注意有無修訂。
（八）成本：經濟性、適切性，與合理性是三大考量。考慮投資成本與回收的效益。

三、競爭分析

（一）地區。
（二）餐廳種類。
（三）菜單價格。
（四）餐廳座位數。
（五）酒類供應現況。
（六）娛樂設備。
（七）顧客及社區對餐廳的評價。
（八）對私人、社團、俱樂部及機構的影響。

四、需要分析

（一）普通個別客、商務客。
（二）團體、開會參加人士。
（三）觀光客、過境旅客。

五、建議設備及規模

六、營運成果預測

為避免因可行性分析的錯誤以致營運不佳、甚至於不得不關門大吉的結果、應特別注意下列八個關鍵性事項。

一、地點的選擇

必須深慮遠謀、愼重以赴，如一時大意、選擇不當，小則經營困難，大則可能引起血本無歸。

二、人力市場

必須掌握準確，是否有足夠適合的人材加以應用。

三、貨源補給

要有充足可靠的來源，並能確保於正常安全下調動運用。

四、稅金負擔

要有正確的資訊；瞭解其結構，始不致於影響整個預算的估計。

五、各項成本

包括：建築成本、營運成本，維護及設備等成本必須預估正確，以免節外生枝。

六、趨勢變化

隨時掌握顧客對需求和口味的變化，不斷研究開創新產品，保持獨特風格，以迎合顧客的需要。

七、資本額

要估計正確，雖然資本不足，尙可以逐步籌措，或量力而為，但最重要的應考慮資金是否足夠支持開拓時期的開銷。

八、經營管理能力

管理人必須內外才智兼備、品德俱佳、經營與管理能力經驗豐富、忠誠勤勉，有進取創新的熱忱，才是餐廳經營成敗的關鍵因素。

總之，經營餐廳風險較大，只要在開業前事先準備妥善，看清形勢，並研究各方提供的資訊，瞭解關鍵性問題之所在，據以製訂完善的經營計畫，配合良好的管理制度及健全的組織體制，嚴密加以領導控制之下，並在勞資雙方在公正、安定、和諧的氣氛中，共同努力推廣業務、開發市場、積極發展，必有成功的機會。

第四節　如何創造餐廳的魅力

餐廳的經營是極富有時代性、創造性、及挑戰性的服務業。要經營成功。我們必須先瞭解時代的需求，才能創造自己的魅力與其他同業競爭而應付挑戰。

隨著時代的演變，消費者的需求無論在質與量的方面也起了很大的變化：

五〇年代：是爲「娛樂」而吃。
六〇年代：是爲「論政」而吃。
七〇年代：是爲「嗜好」而吃。
八〇年代：是爲「流行」而吃。
九〇年代：是爲「健康」而吃。

追求天然取向，健康取向乃是時代的潮流也是全世界美食者的時代。瞭解其演變與消費者需求的變化後，我們要研究「如何促使顧客來店的動機」及「如何創造自己餐廳的魅力」才能樹立自己的特色而經營成功。

一、如何創造自己餐廳的魅力

(一)菜單

1.有獨創的菜色。
2.種類豐富。
3.有季節性的菜餚。
4.有特別為女性而備的菜餚。
5.有精緻的套餐。
6.有宴席特餐。
7.有健康特餐。

(二)店面佈置

1.健康、明朗、清潔的氣氛。
2.配合時代潮流的情趣。
3.富有豪華的格調。
4.有迷人的音樂。
5.有娛樂活動節目。

(三)人性服務

1.服務員活潑爽朗儀表端正。
2.菜單說明簡單清楚。
3.滿面笑容,態度好感。
4.關心顧客,誠懇待人。
5.有雅量接納批評。

（四）推廣促銷

1.提供適應季節的菜色。
2.推出各種節慶活動。
3.發行特刊報導。
4.常客有特別優待辦法。
5.事先報導新菜單。

（五）立地、設備

1.交通方便、停車便利。
2.商用、私用均極適合。
3.環境清雅、迷人。

二、加強來店動機技巧

（一）容易進店

1.看板明顯易懂。
2.外觀配合環境。
3.看了圖片或照片就能想像店內氣氛。
4.有安心感、信賴感。
5.外表富有夢幻的魅力。
6.由外面就能透視裏面。
7.景觀綠意盎然。
8.有悠閒安然的空間

（二）吸引力

1.有背景音樂。
2.有悅人的照明。
3.有展示櫃台。
4.有明顯的營業時間。
5.有動感的表演。

（三）展示櫃

1.要有吸引顧客進店的訴求力。
2.富有季節性的變化。
3.有主題性的演出。
4.有創意的菜色。
5.照明與備品配合良好。

第五節 顧客不歡迎的餐廳

一、地板或牆壁不潔。
二、洗手間不乾淨。
三、餐具有缺口。
四、玻璃杯擦拭不潔、有口紅污點。
五、廳內傢俱、物品擺放雜亂。
六、桌椅不清潔。
七、菜單留有油質或醬油。
八、調味品罐中空無補充。
九、有蒼蠅、蟑螂等害蟲。

十、空氣調節不順忽冷忽熱。

十一、展示櫃積滿灰塵。

十二、廚房到處油污。

十三、餐巾不潔。

十四、價格高、服務品質低。

十五、營業時間不明確。

十六、廳內植物花草，乏人照料。

十七、廳內充滿香煙味道。

十八、食器太大，桌面太小。

第六節 顧客不歡迎的服務

一、服務員態度驕傲、精神散慢。

二、私語太多，不注意顧客。

三、接受訂菜，催促客人。

四、望著顧客，不理不睬。

五、對常客特別殷勤。

六、儀表不潔、服裝不齊。

七、顧客著急，服務員悠閒不理。

八、強迫推銷，令人不安。

九、顧客提出抱怨顯出無奈。

十、對顧客道出公司內情。

十一、不穿制服的主管對服務員顯示威風。

十二、一味推銷高價菜餚。

十三、口氣不好，用語粗俗。

十四、煙灰缸或桌上不潔。

十五、無法解說菜單內容。

十六、採取高壓態度。

十七、得罪顧客，不但不道歉還要辯論。

十八、不按先後順序出菜。

十九、熱菜變冷、冷菜變熱。

二十、廚師抽煙、用手抓頭皮。

二十一、不讓客人看菜單，就要求點菜。

二十二、交代的事、只說「是的」而一去不回。

二十三、快打烊時顯出趕人的樣子

第9章 餐飲連鎖經營

餐飲連鎖經營已成為目前台灣最熱門而引人矚目的經營方式之一。尤其是國際性連鎖店，近年來更是一波又一波湧進台灣市場，與本國業者競相爭霸，而國內業者也勵精圖治，力爭上游，自行開發新品牌與系統，使整個餐飲市場百家爭鳴，百花齊放，成果輝煌，更為蓬勃發展。

這種制度雖然對於想初次進入餐飲界服務或經營的人，不必冒很大風險，認為只要學習現成的整套經營寶典，就有成功的機會固然有些幫助，但並不保證將來的經營必能一帆風順。這仍然要看個人的經營理念、經濟條件，以及是否全心投入的努力奮鬥之精神和意志而定。

當然，最後成功的關鍵，還是在於未加入之前，應該對這種制度作深入仔細的評估，透徹瞭解其合約規定內容、優點和缺點，並自信未來具有發展潛力，而最後再去請教專家意見並實地觀摩幾家經營的實況與分析他們的營業報表等資料後，確實認為滿意才來投資，否則仍是一種冒險行為。

如果評估後，仍然沒有自信，卻又想投入餐飲界自我發揮的話，建議先在商譽盛旺、形象健全、服務親切的餐廳，就業服務一段時期，學習體驗、經營的原理、原則及服務顧客的經驗後，再次重新評估，自然會更有心得及信心。

本章想針對那些有意參加連盟的讀者，提供作者的實際經驗與過去教學的理論及參考資料，希望藉此，能及早掌握經營的優勢與秘訣，盡己所能，發揮自我，並能持續努力奮鬥，充實自己，不斷創新，提昇形象，加強顧客服務。使顧客滿意，才能邁向成功之大道。

第一節 如何評估是否投資

餐飲業是一個多采多姿，富有挑戰性的行業，但並非人人都能適應，所以在加盟前，應先作全面性的評估自己，並看看是否能加以調適，所謂：「知己知彼，百戰百勝。」是邁向成功的第一步。

一、評估自我

（一）你確實瞭解連鎖的優點和缺點了嗎？
（二）你有無經營餐廳的經驗？
（三）你有興趣及欲望想成功地經營餐飲業嗎？
（四）你願意按照所規定的程序去經營嗎？
（五）你有足夠的時間去照顧你的事業嗎？
（六）你覺得和別人一起工作快樂嗎？
（七）你有良好的溝通技巧嗎？
（八）你能順利參加並完成訓練課程嗎？
（九）你有良好的組織能力嗎？
（十）你能承擔財務上的風險嗎？

二、評估盟主

（一）你已經詳讀並瞭解有關文件嗎？
（二）你對合約期限滿意嗎？
（三）你同意規定在文書中，自己應盡的責任嗎？
（四）你同意使用盟主的商標及所有權嗎？
（五）你瞭解作業手冊的內容及正確的用法嗎？
（六）你同意盟主的廣告政策嗎？
（七）你瞭解所規定的會計及記帳手續嗎？
（八）你同意終止合約內規定條款嗎？
（九）你瞭解並同意合約內規定不可與盟主競爭的條文嗎？
（十）你對訓練計畫及開店服務覺得滿意嗎？

三、評估連鎖餐廳

（一）你喜歡連鎖餐廳的觀念，產品及服務嗎？
（二）你相信有關品質、價值、服務和清潔的標準嗎？
（三）你熟悉菜單內的項目而且自信這些項目是受歡迎的。
（四）你認爲該地點是適合提供那些產品和服務的嗎？
（五）如果能按照所定程序及步驟去作業，你覺得很輕鬆嗎？
（六）你喜歡盟主所規劃的餐廳內色彩、裝潢、座位、交通路線和其他設備嗎？
（七）你對餐廳的平均收益性滿意嗎？
（八）你覺得支付給盟主的所有費用都合理的嗎？
（九）你有自信可以請到有能力稱職的人員在你餐廳服務嗎？
（十）該餐廳在你選的地區有發展潛在力及競爭力嗎？

經營任何一行生意均有其利弊所在，重要的是決定之前，看清楚形勢並透徹研究各方面所提供的資料加以分析。只要總部管理系統組織健全，並能操作正確，人力調配資源運用、材料採購及財務控制以至廣告宣傳分攤等問題處理得當，仍然利多於弊。

第二節 連鎖經營的優缺點

現在就讓我們來看看連鎖經營的優點和缺點，加盟主必須注意的是，不要只看表面的加盟條件，如加盟金、投資額、獲利率等，更重要是長期的考慮，即能否長期經營及長期獲利，所以要愼選連盟體系才是成功之道。

一、對加盟店而言

(一) 優點

1.塑造形象，樹立品牌。
2.作業系統完整可循。
3.積極輔導，管理嚴密。
4.標準規格，控制品質。
5.分散風險，加強信心。
6.節省成本，提高利潤。
7.互相評估，檢討改進。
8.分擔廣告，有利行銷。
9.滿足個人創業欲望。
10.市調研發，經驗豐富。

(二) 缺點

1.無法達成原來期望。
2.授權有限，無自主性。
3.廣告行銷，不切實際。
4.合約契金，負擔昂貴。
5.依賴性強，不易發揮。
6.作業單調，缺乏挑戰。
7.合約規定，牽制過多。
8.良莠不一，影響整體。

二、對盟主而言

(一) 優點

1.容易擴充，壯大連盟。
2.中央集權，購買力強。
3.制度統一，作業靈活。
4.同盟形象，影響地方。
5.共同研習，加強協調。

(二) 缺點

1.推行新政，不易接納。
2.財務不穩，影響商譽。
3.挑選盟店，用心良苦。
4.溝通不易，聯繫困難。

第三節 如何發揮十大魅力

許多人在考慮加盟體系時，只注意到他們的知名度，其實，更重要的是如何應用他們的成功魅力。所以眞正成功的連鎖企業，除了具備下列十大魅力之外，更要能達成必備的經營四要素，那就是：一、經營理念。二、企業識別。三、商品服務，以及四、管理制度等是否健全統一，共同一致。

一、十大魅力

（一）形象提昇力。
（二）人材培育力。
（三）資金融通力。
（四）地點吸引力。
（五）商品開發力。
（六）情報蒐集力。
（七）市場調查力。
（八）廣告行銷力。
（九）成本控制力。
（十）系統應用力。

瞭解以上各種評估要點之後，讓我們來作一個綜合性的最後總評估。

二、綜合評估

（一）管理嚴密，組織健全？
（二）確有把握，創造利潤？
（三）據理力爭，減輕負擔？
（四）決心投入，刻意經營？
（五）不讓盟主，藉口解約？
（六）情甘意願，遵守合約？
（七）透徹瞭解，利害關係？
（八）深入分析，經營資料？
（九）如不續約，即能脫手？
（十）多方請教，認為滿意？

第四節　如何掌握消費趨勢

一、健康飲食，營養價值。
二、新鮮可口，經濟方便。
三、現場烹調，衛生安全。
四、服務品質，顧客權利。
五、防患意外，環境保護。
六、殘障施設，禁煙特區。
七、飲料成份，菜單內容。
八、廣告宣傳，言行一致。
九、高齡社會，設備特殊。
十、抱怨處理，建立關係。

影響未來發展因素：

一、教育普及，提昇生活。
二、科技發達，創新產品。
三、觀光往來，文化交流。
四、年輕族群，追求流行。
五、人口集中，工商都市。
六、所得增加，改變消費。
七、家庭結構，雙薪收入。
八、單身貴族，外食方便。
九、重視休閒，關心品質。
十、高齡市場，潛力頗大。

第五節 國際連鎖應考慮因素

廿一世紀是連鎖業及服務業進軍國外開拓市場的國際化年代。近幾十年來我們在這些行業的成功發展經驗正是應用在開創海外市場的成熟時機，不過在展開國際連鎖時，應特別注意：

一、連鎖制度的系統化。
二、商品組合當地化。
三、慎重選擇合作對象。
四、事前作詳密的市場調查。
五、瞭解當地稅法。
六、風俗習慣。
七、完整的計畫。
八、適當時機。
九、完整的訓練制度。
十、派駐經營指導人才。

只要我們肯在事前作充分的準備，妥善的規劃，並選擇在當地具有影響力的合作夥伴用心去開發，必有一番新景象的。

除外，更應考慮到該地的：

一、政治環境，法令規章。
二、語言文化，傳統習俗。
三、民族口味，服務方式。
四、人口結構，經濟狀況。
五、原料來源，供應管道。
六、宗教禁忌，用餐禮節。

以上等等重要事項，以降低失敗的風險。

國際連鎖是我們將來必走的路線，而我們也會成爲國際舞台的新主角，其成敗在於：凡事預則立，不預則廢，所以我們必須事先要作詳密的準備和妥善的規劃。

第六節 結論

廿一世紀是一個充滿著變動性、機會性、挑戰性及獨特性的大時代，由於以下的變動因素：

一、經濟成長趨穩。
二、所得水準提高。
三、講究生活品質。
四、職業婦女激增。
五、就職人員提早退休。
六、重視健康管理，壽命延長。
七、工作時間縮短。
八、享樂休閒活動。
九、人口流動加速。
十、國際觀光交流頻繁，促使餐飲業更具廣大的發展空間。

尤其，在兩極化消費型態中，仍以連鎖業最具潛力。

當然其經營成敗完全取決於經營者是否能不斷提昇服務品質，樹立獨特風格，掌握市場趨勢，創新口味，嚴密控制成本，訂價合理公道，地點方便舒服，並加強培育員工，發揮敬業樂群的美德。

尤其，應該在影響未來發展的關鍵性問題上，例如：

一、市場行銷。
二、管理制度。

三、新訂法令。

四、人力資源。

五、生產技術。

六、食材供應。

七、保護消費者權利。

以上等方面，積極配合時代潮流與消費者的需求，努力改進求變，才能成爲最後的勝利者。

最後，想引用麥當勞連鎖店創辦人：KROC先生的一句名言與大家共勉：

「假如你只想為賺錢而去工作的話，你絕不會成功的，但如果你能夠熱愛自己所做的工作，而且事事以顧客為第一去關心的話，『成功』必定是屬於你的了。」

第10章 管理重點總整理

第一節 管理重點摘要

第二節 未來發展趨勢

第一節 管理重點摘要

一、平時應該注意

（一）保持餐飲水準、不斷創新口味。
（二）獨創特殊風格、吸引顧客再來。
（三）建立形象口碑、加強顧客關係。
（四）推廣行銷文化、常握市場利基。
（五）成本控制得當、維持貨眞價實。
（六）設立資訊系統、廣集趨勢情報。
（七）提昇員工素質、力保服務品質。
（八）分解產品構成、定位區隔市場。
（九）強調人物訴求、採取驗照管理。
（十）利用行銷迴歸、策略開拓客源。

二、不景氣時採取應變措施

（一）保持市場區隔、開發新產品，以爭取獨佔優勢。
（二）降低目標營業額、以便萎縮時仍有利可圖。
（三）守勢經營策略，改成積極攻勢策略。
（四）如果賣價不高，生意又清淡，應即改善品質和服務。
（五）參觀同業作法，以便改造自己經營體質。
（六）策略性調整價格，但要提供附加價值。
（七）縮小經營規模，專精於招牌菜色。
（八）加強訓練員工，提高工作士氣，實行全面行銷文化。
（九）考慮加盟連鎖或共同聯合廣告。
（十）物美價廉外，應重視衛生、安全、營養及人性化服務。

三、如何預防危機

（一）先作健康檢查以分析優點及弱點，威脅點及機會點，以便決定採取預防的方法。

（二）決定採用何種策略：

1.減肥（即節減策略）。
2.吃補（即補強策略）。
3.運動（即突破策略）

（三）預防危機三法寶：

1.關係的建立。
2.觀念的溝通。
3.市場的開發。

四、經營理念

（一）五口：口味、口碑、口袋、口氣、口才。
（二）五意：創意、誠意、滿意、生意、如意。
（三）五安：安全、安康、安心、安穩、安定。
（四）五心：愛心、誠心、虛心、耐心、信心。
（五）五氣：天氣、景氣、勇氣、士氣、名氣。

第二節 未來發展趨勢

廿一世紀由於受到：

一、經濟成長穩定。
二、國民所得提高。
三、講究生活品質。
四、職業婦女激增。
五、提早退休，壽命延長。
六、工作時間縮短、假期增多。
七、人口流動頻繁。
八、國際間交流更加密切。

以上等影響因素，餐飲業仍有很大發展空間。
未來發展趨勢爲：

一、專業、制度化。
二、個性、主題化。
三、連鎖、自動化。
四、速食、外食化。
五、外賣、多角化。
六、企業、國際化。
七、衛生、營養化。
八、設備、安全化。
九、服務、品質化。
十、作業、標準化。

因此，經營者應掌握趨勢適時因應，調整策略，開發新市場、提昇服務品質、獨創特殊風格，樹立口碑、長期持續奮鬥，不斷創新求變、自我充實，加強經營管理，才能成爲最後的勝利者。

問題與討論

第一章

一、 爲什麼餐旅業在觀光事業中扮演重要角色？
二、爲什麼國際觀光旅館重視餐飲部？
三、爲何餐飲業深獲社會大眾肯定？
四、餐飲業成功的五要素是什麼？
五、「E時代」代表餐飲的五個「E」趨勢如何？
六、「service」與「hospitality」所要求最終目標有何不同？
七、兩者在作業的過程中，所要求的要素有何不同？
八、「hospitality」如何演變成爲今日的hotel？
九、「hospitality industry」應包括那些行業在內？
十、餐旅業英文如何稱法？
十一、未來餐飲業經營的關鍵性課題是什麼？

第二章

一、 列舉餐廳經營十個特性。
二、 試述旅館中餐廳與獨立餐廳的經營有何不同？
三、 列出休閒旅館十二個經營成功因素。

第三章

一、 營業額偏低的原因何在？
二、 行政及總務費用爲何會增加？
三、 餐飲部經常應作哪些督導檢查？
四、 核查制度有幾種？

五、 試述採購作業四步驟？

第四章

一、 如何製作菜單？
二、 有效的控制制度可以達到哪些目的？
三、 何謂「標準」？
四、 試述有效的採購方法及步驟？
五、 食物因儲存不當，損壞的原因有哪些？
六、 如何作出標準的食譜？
七、 試述餐飲成本控制的四個基準？
八、 管理酒料有幾種標準方法？
九、 觀光主管機關定期檢查旅館的目的何在？

第五章

一、 餐廳必備的條件是什麼？
二、 按服務的方式餐廳可分幾種？
三、「room service」應注意哪些事項？
四、 試述全餐出菜順序，並列出餐具排法。
五、 試述法國式服務方式。
六、 服務技術應注意哪些事項？
七、 替客人選位，應注意哪些？
八、 決定餐廳服務型式的五個考慮因素是什麼？
九、 簡便餐廳爲何發達？
十、 一般觀光客的共同心理是什麼？
十一、爲何宴會普遍採用自助方式？

第六章

一、 試述市場行銷四個功能。
二、 行銷管理由那四個環節所構成？
三、 何謂「行銷四P」？
四、 圖示行銷策略規劃。
五、 網路行銷的最基本特色是什麼？
六、 目前網路應用在哪些範圍？
七、 列舉餐廳推銷十則。
八、 顧客滿意的五個「S」是什麼？
九、 宴會成功要領有哪些？
十、 如何爭取國際會議？

第七章

一、 旅館的現代使命是什麼？
二、 旅館業屬於何種服務企業？
三、 略述旅館商品特性？
四、 如何吸引人力？
五、 如何培養人力？
六、 如何確保人力？
七、 經理應俱備哪些條件？
八、 一般餐廳的訓練分爲幾種？

第八章

一、 試述餐飲業的特性？
二、 經營餐廳失敗的十大原因是什麼？
三、 經營成功十大條件是什麼？
四、 選擇地點應注意哪些要項？
五、 可行性研究有哪些項目？
六、 如何避免可行性分析錯誤？

第九章

一、 如何評估自我？
二、 如何評估盟主？
三、 試述連鎖經營的優缺點？
四、 如何發揮十大魅力？
五、 試述國際連鎖應考慮因素。

第十章

一、 平時應注意哪些管理要點？
二、 不景氣時應採取哪些措施？
三、「五意」代表什麼？
四、 爲何廿一世紀中，餐飲發展空間很大？
五、未來十大發展趨勢爲何？

附錄一　餐廳服務用語

A La	時新的菜式
A La Carte	按菜單點菜
A La King	用奶油調味品調味的菜式，含辣椒、胡椒及蘑菇
A La Mode	最時新的菜式，或有冰淇淋的點心
American Service	美式餐食服務
Anchovey	鱒魚
Aperitif	開胃酒
Appetizer	開胃品
Aspic	肉類或雞肉凍子
Au Gratin	用調味汁，麵包屑及酥酪烤黃的菜式
Au Jus	菜食附上天然果汁或肉汁
Au Naturel	簡單的餐食
Bake	焙
Baked Alaska	蛋白甜餅上之冰淇淋磚
Barbecue	整烤動物肉，如蒙古烤肉
Bavarian Cream	用蛋黃、牛奶、膠質、糖及生奶油製成的涼餅
Bisque	濃湯
Bill of Fare	菜單（價目表）
Boil	煮
Boston Cream Pie	雙層乳蛋糕（波士頓派）
Bouillon	清燉肉湯
Bouillon spoon	湯匙
Braised	燉
Broil	烘烤
Broiled Lobster	烘烤龍蝦
Buffet Service	自助餐
Bus	在餐廳清潔桌面，移走空餐具及協助服務

Bus Boy	餐廳練習生
Butter Chip	奶油小碟
Butter Knife	塗奶油用刀
Butter pat	奶油小碟
Butter Spreader	塗奶油用刀
Cafeteria	自助餐
Canape	小方塊烤麵包開胃品
Capers	醃泡續隨子花雷（調味品）
Carte Du Jour	今日菜單
Carry Out Service	外賣
Casserole	耐熱烤鍋
Cater	包辦酒席或餐食，大眾餐食
Caviar	魚子醬
Cereal Spoon	大湯匙
Change Tray	收銀盤
Chateaubriand	鐵扒牛柳
Cheddar Cheese	硬乾酪
Chive	蝦夷蔥
Club Steak	小牛排
Coaster	杯墊子
Cocktail	開胃品（水果汁介殼類或酒類）
Cocktail Fork	開胃品用叉
Coddled Eggs	煮軟的蛋
Cole Slaw	甘藍菜片力醬汁等佐料
Compartment Dish	分格菜盤（上格盛菜，下格裝碎冰塊）
Compote	用糖漿煮的水果
Condiment	調味品佐料
Consomme	清湯
Contaminate	污染

Cottage Fried Potatoes	鄉村式平鍋煎馬鈴薯
Cover	一人份的餐具，餐份
Course	一道菜或點心
Croquettes	炸肉餅
Croutons	油煎碎麵包片
Crumbing	掃去食品屑
Curry	咖哩
Demitasse	小杯咖啡
Demitasse Spoon	喝小杯咖啡用湯匙
Dessert Knife	點心刀
Dessert Fork	點心叉
Deuce	兩人坐桌子
Deviled	加辛辣調味品燒烤
Dinner Fork	餐叉
Drawn Butter	融化的奶油
Duchesse Potatoes	燜熟馬鈴薯
Eclair	塗有糖霜的長形小餅
English Service	英式餐桌服務
Entree	湯與主菜中間之菜
Filet	菲利（無骨之肉或魚片）
Filet Mignon	牛軟肉
Finger Bowl	洗指盂
Fish Fork	魚叉
Fish Knife	魚刀
French Dressing	法式配味醬
French Fried Ptatoes	油炸馬鈴薯
French Fry	油炸
French Service	法式餐食服務
Fricasse	細燉（以燉法煮之）

Fruit Cocktail	什錦水果作爲開胃品
Garnish	食物上之裝飾物
Gourmet	美食家
Hash Brown Potatoes	細切褐色馬鈴薯
Hollandaise Sauce	荷蘭醬（蛋黃，奶油及檸檬汁作成）
hors d'oeuvre	前菜、冷盤
Host	男主人或餐廳男接待員、男領檯員
Hostess	女主人或餐廳女接待員、女領檯員
Hot Top	保溫蓋子
House Policy	餐食作業規則或經營方針
Irish Stew	燉羊肉及蔬菜
Jus	果汁或肉汁
Lobster Thermidor	用白葡萄酒，蛋黃及白色調味汁
Lobster A La Newberg	新堡龍蝦
Lyonnaise Potatoes	炸洋蔥馬鈴薯片
Macedoins	青菜水果凍
maitre d'hotel	餐廳經理或主任
Marinate	烹飪前將魚肉泡在調味汁或加味酒中
Melba Toast	薄脆麵包
Menu	菜單
Meringue	蛋白甜餅
Mappy	水果盤
Newberg	酒，蛋黃及奶油作成的調味汁
New England Boiled Dinner	附加洋白菜，馬鈴薯，蘿蔔及甜菜之醃牛肉
OBrien	附上辣椒之菜食
Omelet	蛋捲
Oyster Fork	牡蠣用叉
Oyster on the Half Shell	生蠔置於碎冰塊上

Pan Fry	平鍋炸
Parfait	雞蛋，奶油及香料混製之凍點心
Parfait Dish	同上點心盤
Parfait Spoon	同上點心用匙
Pastries	糕餅
Petits Fours	嬌小精美蛋糕
Pickle Fork	吃泡菜用叉
Pick-up Station	廚房內之出菜檯
Pie Fork	派餅叉
Poaching	煮去殼煮蛋（水波蛋）
Porter House Steak	上等牛排
Puree	蔬菜濃湯
Ragout	菜燉肉片
Roquefort Dressing	用羊乳酪製成之法式佐料
Saccharine	糖精
Salad Fork	沙拉叉
Saute	快炸
Scalloped	用奶油焙蔬菜
Seafood Coocktail	海鮮，雞尾開胃品
Season	調味
Service Plate	托盤
Service Stand	餐食服務台兼餐具台
Setting	餐桌上佈置餐具
Sherbet	果凍
Shoestring Potatoes	炸薯條
Side Dish	骨盤，分食盤
Side Order	正菜外加的菜、添菜
Side Work	服務顧客以外之額外工作
Side Towel	服務員掛在手臂上之服務用巾

Side Stand	餐食服務台兼餐具台
Silence Cloth	桌上舖的防音布
Simmer	慢煮
Sirloin Steak	最上等的牛肉
Souffle	蛋白牛奶酥
Soup Spoon	湯匙
Spotting	使用餐巾將桌上污點覆蓋起來
Station	廚房內出菜台或餐廳內服務台
Steak Knife	牛排刀
Steep	浸漬
Succotash	綠色扁豆及穀類混煮的印第安餐食
Sundae Spoon	聖代用匙
Table d'hote	定食，套餐
Tartar Sauce	達達調汁（鱈魚調味汁）塔塔醬
T-Bone Steak	丁骨牛排
Tenderloin	菲利牛排
Thermidor	用白葡萄酒，蛋黃及白色調味汁
Tray Stand	放盤架
Turnover	銷售客數或銷售額或翻檯

附錄二　烹飪用語

油潤（baste）	用熔化之油，烤肉滴落之油，水及豬油潤濕食物
打（beat）	用湯匙或攪拌器，使混和物拌勻或打入空氣
燙（blanch）	用開水沖，排水後，再用冷水沖
混合（blend）	將兩種以上的材料使混合
煮（boil）	在沸騰的液體中烹煮。水平面的沸騰溫度是華氏二一二度。如煮蛋
燉（braise）	在小量的油中，將肉或蔬菜煮褐，然後加蓋。在少量液體中以溫火（華氏一八五～一二〇〇度）慢慢煮
烘烤（broil）	直接在熱底下或上面煮、烤（grill）
烤爐烘烤	不加液體，不加蓋煮
平鍋烘烤	在大淺鍋或平鍋中，不加蓋煮。一積油就除去，不加液體
焦化（carmelize）	將糖或含糖之食物加熱，直到變成褐色爲止
切（chop）	用刀或切物器切成碎片
奶油化（cream）	軟化酥油（shortening），或用湯匙，攪拌器，或手混合酥油與糖，直到軟化成奶油狀爲止
切塊（dice）	切成正方體塊狀
撒塗（dredge）	用麵粉、糖或肉撒佈或外塗
細燉（fricassee）	以燉法煮之。通常用於切成細片的家禽或小牛內
煎炸（frizzle）	在一小量油中煮至邊緣炸脆及捲曲
油炸（fry）	在熱油中煮，如使用少量油，稱爲炒炸（sauteing）或平鍋炸（panfrying），如用油半蓋食物，稱爲淺炸（shallow

	frying），如用油完全蓋上食物，稱爲深油炸（deep fat frying）
烤（grill）	在不加蓋的熱淺鍋中煮，一積油就除去
夾油（lard）	用豬油條包覆未煮的瘦肉或魚類或以肉叉嵌入豬油條
浸汁（marinate）	浸入法國佐料（French dressing）
剁（mince）	用刀子或切物機切或斬成碎片
烤爐烘烤（oven-broil）	在烤爐中不加蓋煮
平鍋烘烤（pan-broil）	在平鍋中不加蓋煮，一積油就除去
半煮（par boil）	在水中沸煮到部分煮熟
平鍋炸（pan-fry）	在少量的熱油中煮
剝（peel）	用刀子或削皮機剝皮
熬（render）	在低溫中慢慢加熱，使油脂熔化與肉分開
爐烤（roast）	在烤爐中用乾熱烤肉
炒炸（saute）	只用少許油
焙（scallop）	切成碎片，用調味醬（sauce）或其他液體烘焙食物
焦燒（sear）	用極強熱短時間內煮肉到表面呈現褐色
撕切（shred）	用刀子，切片機或碎片機切或撕成薄條或碎片
慢煮（simmer）	在蒸氣中用壓力或不用壓力煮
燜（stew）	在淹蓋或較少量的液體中慢慢滾燒
輕拌（toss）	輕輕混合，通常用於沙拉材料。

附錄三　餐廳英文專用語

Aid: The member of the team (in the team system of service) who acts as a busperson, picks up dinners from the kitchen, and serves them to the guests.

a la carte restaurant: A business that serves guests individual meals on demand.

American banquet service: Service in which the guest's food is all placed on one plate. Often known as "on the plate, no wait."

American service: Service in which the food and beverage is served to the guest by either an individual service person or a team method. The food is plated in the kitchen. Also referred to as "plate" or "German" service.

back of the house: A term referring to employees who do not come into contact wilh the guest in their normal line of duty.

banquet: A meal with a menu that was preselected by the host for all of the guests attending the event.

banquet captain: The person responsible for service in a section of the banquet room.

banquet facility: A business that serves groups of guests the same meal, at the same time.

banquet manager: The individual responsible for planning, organizing, and running banquets.

beverage service: The type of alcoholic or nonalcoholic drinks requested by the host at a banquet function.

blocking: Reserving a certain table at a certain time for a guest.

buffet: A banquet meal at which guests obtain a portion of all of their food by serving themselves from buffet tables.

busperson: A restaurant employee who is responsible for assisting the service person.

butler style: A type of service used in cocktail parties, in which the staff circulate among the guests serving food (usually hors d'oeuvres) on trays.

call-ahead seating: Also called priority seating. A system used in restaurants that do not accept reservations, in which patrons can call ahead to be placed on a waitlist.

captain: A restaurant employee who is responsible for an area of the dining room.

cash bar: At a banquet, an arrangement by which guests are required to buy their own drinks, both alcoholic and nonalcoholic.

checkoff method: A method of blocking reservations used in a large restaurant.

chef de rang: An individual in French service who finishes off the food tableside.

commis de rang: An individual in French service who assists the chef de rang in the service of the meal.

competency: Serving food and drinks in the correct manner to the guest .

consumer orientation: The act of viewing your business from the perspective of your guests.

cover: The area or space for all utensils (including salt, pepper, and ashtrays) needed for each guest.

deluxe buffet: The most elegant kind of buffet service, in which guests obtain only their main course from a buffet, and are served everything else.

dependent needs: A part of Maslow's Hierarchy. They are needs that can only be met by someone else, not oneself. The first four needs of the hierarchy are dependent.

deuces: Tables that seat two guests.

diplomacy: The ability to act tactfully with the guest.

dupes: Stands for duplicate guest check. A copy of the original guest check turned into the kitchen or bar to obtain orders.

esteem needs: The fourth in Maslow's Hierarchy of needs. Esteem is the way in which people perceive the individual, which in turn affects the individual's ego.

flambe: Food served flaming in ignited liquor, usually prepared at the guest's table by the chef de rang in French service.

Follow-up: The member of the team (in the team system of service) who makes sure guests are satisfied, solves any problems, clears dishes, suggests and sells dessert, presents the check, and collects the money.

forecasting: Planning for anticipated business based upon previous history of the restaurant, reservations, and events that are planned for the community which will affect the business.

four-top: Also 4-top. A table that seats four.

French service: A style of service in which final preparation of food is done at the guest's table with flourish and fanfare.

friendliness: A way in which individuals make their guests feel important by talking to them, and by using Maslow's theory to make them feel comfortable in the restaurant.

front of the house: A term referring to employees who work in direct contact with guests.

function: Any use of banquet facilities.

function book: A constantly updated list of the rooms that the establishment has to rent on a daily basis, and the functions booked into those rooms.

function sheet: A form, prepared by the banquet office, which lists in detail everything that the host desires for the event.

guarantee: The minimum number of guests that the host will have to pay for at a banquet.

gueridon: A cart used in French service.

head banquet waiter: A person responsible for the success of the party in the room in which he or she is supervising.

health department: An agency that issues permits for operation of food service establishments and monitors the cleanliness of the establishments.

host: The person who greets guests in a dining room, seats them, and handles any problems that might arise during the course of their dinner.

"in the weeds": A slang term used to describe an employee who has too many people to serve at once.

lead: The member of the team (in the team system of service) who greets guests, takes dinner orders, sells and serves drink and wine, turns dinner orders into the kitchen and times the dinners, and sets the pace for the team.

logbook: A document kept at the establishment's host desk. Information included in the book concerns the number of meals served, the weather for the day, any special events, the money generated per hour, and the money per meal period. A section is reserved for messages between the day and night hosts.

love and belonging needs: The third in Maslow's Hierarchy of needs. This need deals with the fact that individuals must belong or be accepted by their peers.

Maslow's Hierarchy: A series of five needs that humans must satisfy. Before moving to a higher need, the lower need must be satisfied.

MBWA: Managing by wandering around.

modified deluxe buffet: A kind of buffet service in which tables are set and guests are served coffee and perhaps dessert at their tables, but obtain the rest of their food from a buffet.

no-shows: Guests who do not show up for their reservations.

occupancy rate: A figure used in a lodging establishment to anticipate the number of guests who will be staying in the establishment on a certain night.

open bar: At a banquet, an arrangement by which the host pays for all drinks consumed by the guests.

open seating: The practice of allowing guests to reserve tables for any time that the restaurant is open.

overbooking: The practice of taking more reservations than the restaurant can accommodate.

physiological need: The first in Maslow's Hierarchy of needs. Physiological needs deal with food, water, sex, and sleep.

place setting: All the utensils, linens, plates, and glasses needed by one guest to consume the meal arranged in the proper sequence.

policy sheet: A sheet printed by banquet facilities that lists their specific policies on costs, deposits, guarantees, and contracts, among other things.

QSC: An acronym for the standards of business at McDonald's. Q stands for quality; S for service; and C for cleanliness.

rechaud: A small heating utensil used in French service.

reservation: A promise for a table in a restaurant.

reservation manager: A person whose sole job is to plan and organize reservations for the restaurant.

residence time: The time it takes a party of guests to eat its meal and pay its bill.

Russian banquet service: A style of service in which the service staff work as a team. All food is placed in silver trays in the kitchen, and the service staff work in teams of two.

Russian service: A style of service in which food is placed on silver trays in the kitchen and then transferred from the tray to the guest's plate by the service staff in the dining room.

sanitation: The process of keeping the restaurant clean of filth- and food-borne diseases.

seating: The tables in a restaurant used for one specific meal period.

self-actualization: The fifth of Maslow's Hierarchy of needs. Self-actualization comes from the individual, after the dependent needs have been met.

service: Competency and friendliness combined.

service person: The individual who has the responsibility of serving the guests their meals. Often this person is called a waiter or waitress.

shadowing: A method in which a new employee follows a trainer around and observes how to do the job.

sidework: Tasks other than waiting on guests which the service staff have to complete, such as filling salt and pepper shakers and folding napkins.

silver service: Another term for Russian service, so called because food is served on silver trays.

six-top: Also 6-top. A table that seats six.

station: An area of the dining room, which usually consists of from fourteen to eighteen seats.

sub rosa: A term from Roman times, meaning confidentiality.

table check: A form used to keep track of what point each table has reached in the course of its meal, enabling the host to know where and when he or she will be able to seat arriving guests.

table d'hote: A complete meal served to all guests at a fixed price.

tact: The ability to say or do the correct thing so as not to offend the guest.

team system: A way of organizing a dining room for service, in which three people together serve a station of between forty and forty-five seats.

turning tables: Resetting the guest table for another party. The phrase is often used in conjunction with how many times a table is reset during the meal period. For example, "the tables were turned over three times" means that each table was used for three parties.

turnsheet: A form used to keep track of the number of guests that have been seated at a service person's station for a particular meal period.

ubiquitous: The ability to be everywhere at the same time.

underliner: A plate that goes beneath another plate to make it easier to serve food. For example, a saucer placed under a soup cup would be an underliner.

utensils: This refers to all forks, knives, and spoons used by the guests to eat their food.

waitlist: A form used by hosts that allows walk-ins to be seated in an organized manner.

walk-ins: These are guests who patronize the restaurant without making a reservation; in effect, they walk in the door expecting to obtain a table.

wine steward: The employee of the restaurant responsible for suggesting and selling wines to guests for their meals.

word of mouth: The most potent form of publicity; this occurs when people tell other people about their experiences (whether good or bad) with the business.

working the floor: Said of a host, it means circulating around the dining room talking to guests and assisting the service staff.

附錄四　餐廳衛生管理用語

Additive（food）附加劑（食物）

A substance added to food during processing or preparaion, become a chemical hazard if improperly used.

在製造或準備食物的過程中加入的物質，若不適當使用，將會成爲化學性危險。

Aerobe需氧性有機體

A microorganism that grows only in the presence of free free oxygen.

需要靠氧氣存在才可生長的微生物。

Anaerobe厭氧性有機體

A microorganism that grows only in the complete or almost complete absence of oxygen。

不需要靠氧氣或完全缺氧也可生長的微生物。

Carrier帶菌者

A person or animal that harbours a pathogenic microorganism without showing apparent symptoms of disease, but can transmit the organism to food or other people.

人或動物潛在著病原微生物，而沒有明顯的病癥，卻能將生物傳送到食物上或其他人身上。

Chemical hazard化學性危險

A risk to food safety from contamination with chemical substances, e.g., cleaning compounds, toxic metals, pesticides, etc.

由於化學物質的污染而對食物安全構成危險，例如，清潔合成劑，有毒的金屬，殺蟲藥等。

Clean清潔	To remnove visible particles including dirt, food particles, grease, soil, and other foreign material. 清除看得見的東西，包括：骯髒之物，食物碎屑，油脂，污垢及其他外界物料。
Cleaning schedule清潔程序表	A system devised by management to organize all cleaning tasks in a food premise. 飲食管理階層爲清潔工作所策劃的制度。
Contamination污染	The presence of harmful chemicals, foreign materials, or pathogenic microorganisms or their toxins in food or drink. 在飲食中存在著有害的化學品，外界物料，病原微生物或它們的毒素。
Danger zone危險地帶	The temperature range between 4℃ (40°F) and 60℃ (140°F). Pathogens and spoilage organisms grow rapidly in this zone. 溫度介乎攝氏四度至六十度（華氏四十度至一百四十度）。病菌和腐壞的食物會在這地帶內迅速繁殖。
Detergents清潔劑	A group of chemical substances used for cleaning food-contact surfaces, dishware, equipment, floors, etc.

	一系列的化學物質，用作清潔食物接觸面，碗碟，用具，地板等。
Dry storage乾貨貯存	An area or room used for storing non-perishable foods. 貯存不易腐壞的食物之房間或空間。
Facultative兼性的	Microorganisms that can grow either with or without the presence of free oxygen. 能在有氧或缺氧的情況下滋長的微生物。
F.I.F.O. rule先入先用原則	The principle of food and storage rotation, i.e., First In, First Out. 貯藏和使用食物次序的原則，就是先入先用。
Food食物	Any edible substance, raw, cooked, or processed, including ingredients as well as water and ice in whole or in part for human consumption. 任何可給人類食用的物質，生的，熟的或製造的，包括：原料，水和冰。
Foodborne infection食物帶菌感染	Illness caused by eating food containing virable (live) pathogenic microorganisms. 進食了帶有病原微生物的食物所引致的疾病。
Foodborne intoxication食物帶菌中毒	Illness caused by eating food containing toxins which are produced

by some pathogenic microorganisms.
進食了帶有病原微生物所產生的毒素的食物，而引致的疾病。

Food-contact surface食物接觸面
Any part of utensils or equipment with which food normally comes into contact during transportation, storage, preparation, or service.
在運送，貯藏，準備和款待食物時，經常與食物接觸的所有用具和器皿。

Fungi眞菌類
Yeasts, molds, and mushrooms. Some yeasts, molds, and mushrooms are pathogenic to human beings.
酵母，霉及菇類。其中一些對人類有害。

Gastroenteritis腸胃炎
Inflammation of the linings of the digestive tract which may be a result of eating contaminated food.
由於食了被污染的食物而引致消化系統內壁發炎。

H.A.C.C.P.危害分析和重點控制系統
Hazard Analysis Critical Control Point- a prevention-based food safety system that identifies and monitors specific hazards (biological, chemical, or physical properties) that can adversely affect the safety of the food product if these hazards are not controlled.
危害分析和重點控制系統是預防性

的食物安全系統，以識別及監察明確的危害（生物學，化學，或物質學的特質）。若控制危害失宜，則會嚴重的影響食物安全。

Host寄主
A person, animal, insect, or plant in which another organism lives.
在人，動物，昆蟲或植物上寄居的微生物。

Hot holding保持熱度
The temporary storage or display of hot potentially hazardous foods at an internal temperature of a minimum of 60℃ (140°F) after thorough cooking or re-heating.
含危險性的食物經過煮熟和翻熱後，在暫作存放或陳列期間，食物中心溫度至少要有攝氏六十度（華氏一百四十度）。

If in Doubt rule 遇有懷疑法規
The principle of discarding food if there is any doubt as to its safety or wholesomeness, i.e., If In Doubt, Throw It Out!
棄掉食物的原則是當對食物的安全性及有益性有任何懷疑時，那就是「有懷疑，即棄掉！」

Immuno-compromised 失去免疫能力
A person more succcptible to foodborne illness due to an existing disease or condition, e.g., AIDS or cancer.
某些人因潛伏有病菌或其他癥狀而

	對食物帶菌疾病特別敏感，例如，愛滋病或癌症。
Incubation period 潛伏期	The time it takes between exposure to a pathogen or toxin and the onset of symptoms. 受病菌或毒素感染後至病癥顯現的一段時間。
Infestation 蟲鼠爲害	The presence of insects or rodents in a food premise. 在食物店內出現昆蟲或鼠類。
Insecticide 殺蟲劑	A poison used for killing insects. 殺滅昆蟲的毒藥。
Microorganism 微生物	Life forms that may be seen only with a microscopc, e.g., bacteria, protozoa, molds, viruses, etc. 衹可以在顯微鏡下才看見的生命結構，例如，細菌、單細胞類、霉類、病毒等。
Monosodium Glutamate （M.S.G.）味精	A food additive used in some foods as a flavour enhancer. Excessive use of M.S.G. may be a chemical hazard to some persons. 食物附加劑用作增強食物的味道。味精用量過度可令某些人遭受化學性傷害。
Mold 霉菌	Any of various fungi that spoil foods and have a fuzzy appearance. The reproduce by forming spores. 眞菌類中之一種，會使食物腐壞及

外貌不雅。它們是靠形成芽孢而繁殖的。

Parasite 寄生蟲
An organism that lives on or inside a host and depends on the host for nourishment, e.g., round worms.
微生物生存於寄生主身上或內部，並依賴寄生主供給養料，例如，蛔蟲。

Parts per million（ppm）百萬分之一百
A measure of chemical solution concentrations.
量度化學溶液的濃度。

Pasteurization 巴斯德殺菌法（低溫消毒）
A process in which food is heated to a specified temperature for a specific length of time which is sufficient to destroy pathogens. The number of spoilage organisms is also reduced.
把食物加熱至一個特定的溫度和時間，以至把病菌消滅的過程；並同時減低有害的微生物的數目。

Pathogen病菌
Any disease-causing agent, usually microorganisms or their toxins.
任何引致疾病的媒介，通常指微生物或其產生的毒素。

Perishable foods易腐壞的食物
Foods that spoil or decay quickly if improperly stored.
若貯存不當，會迅速變壞或腐爛的食物。

Personal hygiene個人衛生
Safe and healthy habits that include bathing, washing hair, wearing clean

cloths, and washing hands often when handling and serving food and beverages.
飲食界從業員當處理及款待餐飲和食物時，應具備的安全及健康習慣，這包括：洗澡、洗頭、穿著清潔的衣服和經常要清洗雙手。

pH酸鹼度

The symbol for the concentration of hydrogenion. The measurement of acidity or alkalinity of a medium (food) or cleaning compound based on a scale of 1.0 to 14.0, with 1.0 being most acidic, 7.0 being neutral, and 14.0 being most alkaline (caustic).
氫離子濃度的符號，是根據一至十四之間的比例來測量食物或清潔劑爲酸性或鹼性；一爲高度酸性，七爲中性，十四爲高度鹼性（腐蝕性）。

Potable適合飲用

Safe to drink, as in an approved water supply. Also suitable for food preparation,ice-making,and dishwashing.
被認可爲安全飲用的飲料，例如，食水。而且適合於準備食物，製冰和洗滌器皿。

Potentially hazardous food含危險性的食物

Food that are capable of supporting the growth of infectious or toxin

producing microorganisms.
有能力助長傳染性的或產生毒素的微生物生長之食物。

Refrigeration冷藏	The storage of perishable, fresh or potentially hazardous foods at a maximum internal temperature of 4℃ (40°F) or colder. 貯存易壞，新鮮或含危險性的食物於攝氏四度（華氏四十度）或以下的溫度 。
Rodenticide滅鼠劑	A poison used for killing rodents (rats or mice). 用以滅鼠的毒藥。
Sanitize消毒	Procedures used in food operations to destroy pathogenic microorganisms on clean food-contact surfaces by the application of heat or approved chemicals. 飲食業運作時所使用的步驟，以高溫及被認可的化學品來消滅附於食物接觸面的病原性微生物。
Sanitizer消毒劑	Approved chemical compounds or hot water used to kill pathogenic microorganisms on clean food-contact surfaces. Common sanitizers used in the food industry are: 1.Chlorine (household bleach) 2.Iodine (iodophors) 3.Quaternary ammonium (QUATS)

被認可的化學品及熱水，用以殺滅附在已乾淨的食物接觸面上的病原性微生物。在食品行業中一般常用的消毒劑有：
一、氯化物（家庭用漂白水）
二、碘（碘化物）
三、阿摩尼亞化合物（氨水）

shelf life儲存生命

The length of time a food product can be stored without compromising food safety or quality.
食物可儲存於一般時間內而不會抵觸食物的安全或質素。

shore芽孢

In bacteria, a thick-walled formation that is resistant to heat, cold, and chemicals, and that is capable of becoming a vegetative cell under favorable conditions. In mold, it is formed for the purpose of reproduction.
在細茵中，是一層像厚牆狀的物體能抵抗高熱，冷凍及化學物，還可在適宜生存的環境下再度成爲生長的細胞。再霉菌中，它的形成是作爲繁殖用途的。

sulfites硫酸鹽

Food additives used in preserving freshness and colour in some foods, wines, and pharmaceuticals. They are a chemical hazard when consumed by persons that are allergic/sensitive to them, specifically persons with asthma.

食物附加劑用以保持食物，酒類及藥物的新鮮和顏色。有些人食用後會引起化學反應造成敏感，尤其是哮喘病患者。

Time and Temperature rule時間與溫度的規則

Any and all potentially hazardous foods must be kept, stored, or displayed at an internal temperature colder than 4℃ (40°F) or hotter than 60℃ (140°F) during transportation, storage, preparation, handling, display, and serving. In addition, potentially hazardous foods must not remain in the DANGER ZONE for more than two hours.

任何含有危險性的食物，在運送，貯存，準備，處理，陳列和款待時，必須保持在攝氏四度（華氏四十度）以下，或攝氏六十度（華氏一百四十度）以上。再者，含危險性的食物不能停放在危險地帶以內超過兩小時。

Toxins毒素

Poisons produced by pathogenic toxin-forming microorganisms, e.g., E. coli, Staphylococcus, C. perfringens, C. botulinum, Bacillus cereus, etc. Some molds also produce toxins.

由病原微生物所產生的毒素，例如，大腸桿菌，葡萄球菌，產氣莢膜梭狀芽孢桿菌，臘樣芽孢桿菌，等等。一些霉菌也會產生毒素的。

ventilation通風設備

Removal of heat, steam, grease, and smoke from the food and replacement with clean air.

在準備食物的地方抽出熱氣，蒸氣，油煙，再輸入清潔的空氣。

viable可生存的

Microorganisms or spores capable of living and reproducing.

微生物或芽孢有生存及繁殖的能力。

Virus病毒

The smallest microorganisms. Viruses pathogenic to human beings require the host's (Human-beings) cells to replicate. They may be transmitted to human beings through food, e.g., Hepatitis A, a foodborne infection.

最小的微生物。過濾性病原需要在寄主（人體內）的細胞來複製，可經由食物傳給人類，例如，A型肝炎便是一種食物帶菌感染。

Yeast酵母菌

A fungus which reproduces by budding. Yeasts may cause food spoilage but beneficial yeasts are used in the production of bread and beer or wine.

一種眞菌類藉著發芽來繁殖。酵母

菌可引致食物變壞，但有益的酵母菌則可用作製造麵包和啤酒或酒類。

附錄五 西餐禮儀

如果你要享受一餐難忘的美食，應該講究四M：

一、menu：精美的菜單。
二、mood：迷人的氣氛。
三、music：動聽的音樂。
四、manners：優雅的禮節進餐。

進餐廳

不要東張西望自己找位子，應在等候座位區等候服務人員來引導入座。

入座

男士應爲女士拉開椅子，讓女士由左後手邊進入；稍候男士將椅子放正，女士才可從容坐下。男士則要坐在對面，不可兩人並排坐。

坐的姿勢

挺胸坐直，儘量放輕鬆，胸部離桌邊約十至十五公分，雙手在桌面的距離以雙肩寬度爲準。手的動作要自然，用餐時要懸空活動。

手套及手提包

女士坐下來後，應卸下手套放於手提包內，並將手提包放在椅背與腰部中間，或用專用的手提包掛鉤掛起來。

餐巾的用法

餐巾摺半，開口在前，放在腿上。絕不可掛在脖子上，或夾在褲頭上，那是非常不雅觀的。何時打開餐巾呢？就得看主人的動作了。中途離坐時，將餐巾放在坐椅上，表示還要再回來。如放在桌上左方，就表示「一去不回」的意思了。

餐畢後，很自然地將餐巾放在桌上左方就好，不必折疊得很整齊，反而不禮貌。

何時可以使用餐巾？

一、吃水果洗手時，用來擦乾指頭。

二、用餐巾角邊，擦拭嘴邊。

三、喝飲料前，怕口紅印在杯上，可先用餐巾稍微壓一下嘴上的口紅。

四、萬不得已要用牙籤時，或由口中拿出魚骨，怕人家看到時，可用餐巾掩住不叫人看到。

五、不可用餐巾來擦汗或擦桌子及餐具。

點餐

有男伴時，女性宜告訴男伴自己想吃的東西，再由男士向服務生點菜。女性不能直接點菜。

用餐六原則

一、刀叉由外往裡拿。

二、食物應由左邊切起，切一片吃一片。

三、吃的由左邊送來桌上，喝的由右邊送來桌上。

喝湯時，要先嚐一口，再慢慢放入胡椒；不要一骨碌地連嚐也不嚐，就猛加佐料，不但沒有禮貌，也不雅觀。

湯的裝法有兩種，一種是用盤子盛裝，一種是用杯子裝。盤子裝的湯，應用湯匙由內住外舀；杯裝的湯，則由外往內舀。杯子裝的湯，喝到最後，可連杯端起來喝乾淨，喝湯不要發出聲音。

吃麵包

用一口湯後，才可以吃麵包。不可用刀切麵包，應用手撕成約一口大小，然後沾牛油，再拿到嘴邊一口吃下去。絕不可以吃了半口後，又剩半口再吃。

剔牙

老外眼中，中國人最可怕的就是用餐時，嘴巴含著牙籤，一邊講話，實在太不雅觀。所以最好不用牙籤。而一般西餐廳，牙籤都放在出納櫃台，結帳後才用。

叫人

不可把整隻手抬高做出大聲呼喊的樣子，或用拍手叫人。正確的方法是手不超過頭，以手指在胸前向內優雅地勾兩下，或只要將手指向前抬頭胸前即可。也可用眨眼睛示意。

談話的內容

用餐時，講話聲音不可太大，餐中不談政治、信仰、色情或生病的事情。最好談一些輕鬆有趣的旅遊經驗、體育運動及興趣。吃東西要配合別人的速度。

喝咖啡

喝咖啡時，要先放糖，再放奶精，然後用湯匙攪拌；拌完湯匙放在旁邊，絕不可用湯匙舀著喝。坐著喝時，不可把杯子下面的托盤拿起來，但參加酒會站著走動時，就可以。

喝酒

通常西餐有分飯前、飯中、飯後酒。最普通的飯前酒是雞尾酒或啤酒，飯中酒爲葡萄酒及香檳酒，飯後則多爲白蘭地或利可酒。

怎樣點主菜

羊肉、牛排、魚肉等爲西餐的主菜，點菜的要領是先決定主菜，再來配湯。通常主菜較油膩的，就配較清淡的湯；反之，主菜較清淡的，便搭配較油膩的湯。

餐具用法

用餐時，左手拿叉、右手拿刀。食物（例如，牛排）應切一塊，吃一塊，不可把整個切成塊，然後將叉子換到右手，一塊一塊吃，這是很不雅觀的吃法。

用餐時想休息，可將刀、叉呈八字型擺開，刀鋒朝內。用畢後則將刀、叉並排齊放於盤中。

調味汁的用法

稠狀調味汁，應倒在盤內沒有放菜餚的空間（例如，沙拉醬），但液狀調味汁（例如，奶油調味汁）就可以直接淋在菜餚上面。

檸檬汁液的擠法

如果是切成月牙形或一半的，應用右手拿著擠汁，再稍用左手遮住檸檬。但如果是切成圓薄片的，就可直接放在菜餚上，同刀叉壓一壓就可以。

魚的吃法

先切下魚頭及魚尾間的上層魚肉；吃完了，將骨頭整個移到盤子上面，然後再吃下一層肉。魚不可翻身。

肉的吃法

大塊的肉要先切成兩塊，然後從左端切成一口大小再吃。

帶骨的雞吃法

先把骨頭切開，也就是先用叉子壓住肉、刀要沿著骨頭劃開，將骨頭取出放在盤子的對向。

龍蝦的吃法

應先將蝦肉取出。先用叉子壓住蝦頭，並用刀子從背部插入殼與肉之間，從背側繞至腹側，等全部劃開後，再用刀子壓住殼，用叉子將蝦肉取出。

串燒的吃法

首先以右手拿著餐巾包住金屬串的柄，然後左手拿叉子，壓住前端的肉，慢慢把肉一片一片拉出來。

碗豆的吃法

叉子內側朝上，頂住碗豆，再用刀子把碗豆推到叉子上吃。也可以用叉背把碗豆壓扁後，再把碗豆舀起來吃，同樣道理也可用在吃米飯時。

沙拉的吃法

一般可用叉子叉起來或舀起來吃，但像西洋芹或太軟的大片菜葉，則可以用刀切著吃，但不要在沙拉碗中切，要把菜移到盤子上切。

咖哩飯的吃法

如果咖哩和飯是分別盛裝的，應先用大湯匙舀一、二匙咖哩倒在靠自己這邊的飯上，不可一開始就把全部咖哩淋在飯上攪拌。用湯匙吃的話，應由內往外舀。

麵條的吃法

先用叉子將麵條放在湯匙裏用叉子捲好後，下面用湯匙扶著吃。

吃自助餐

第一趟先用冷食，第二趟用熱食，第三趟再用水果、點心。可因個人喜好只取用其中一、兩類，但次序不可顚倒，也不可一次將各種冷熱食物統統混在一起盛得滿滿的，眞是難看。

結帳

如果要服務員過來座位結帳，就要把錢放在結帳的盤子或夾子上，再用帳單將錢蓋起來。

給小費也可以放在結帳盤上，或放在桌上的餐巾上面或盤子下面。

在正式的餐廳一定要給小費，數額爲消費額的15%左右；在快餐店或咖啡館、小酒館則可不必另給小費。小費是tip，和服務費（service charge）不同。

總之，西餐禮節是代表一個人的教育、修養及身分，希望人人都能好好遵守，使我們的飲食情趣更加多采多姿。

附錄六　中餐禮儀

中國人傳統的想法就是希望有個圓滿的人生觀，那就是能夠享受「福」、「祿」、「壽」和「喜」的美好境界。

「福」就是以家中有多人爲福，「祿」就是吃得好、穿得好、住得好、而「壽」就是長生不老、青春永駐，「喜」就是歡歡喜喜享樂人生！

爲了要得到前面所說的福、祿、壽、喜。就必須要以有健康的身體爲先決條件。於是乎，不得不講究「吃」，以增進健康。所以中國人一見面就先問人家：「你吃過飯了嗎？」但是美國人卻問：（any fun？）發音同「飯」，可是他們的（fun），是有什麼好「玩」的意思，可見中國人的生活情趣是「吃」、「喝」、「玩樂」。把「吃」放在最優先。難怪古人說：「食、色、性也」。台灣也有一句俗語說：「吃飯是皇帝大」。意思就是說沒有比吃飯更重要的了。

「吃」的歷史是由吃得飽而吃得好，進而吃得健康，更進一步演變爲今日的講究如何吃得優雅，也就是說六十年代是爲論政而吃，七十年代是爲嗜好而吃，至於八十年代則是爲流行而吃，但是進入九十年代後卻是爲健康及品味而吃。

精美的飲食，固然可以增加生活的樂趣，但是，如果你懂得優雅的禮節，就是能增進飲食的品味，而且帶給你更豐饒、健康，充滿情趣的生活藝術與提昇美食的文化。

有關用餐的禮節，我國早在古代時就由孔子的弟子所編的《周禮》，一共有二百一十四篇裏有詳細的記載，不過，後來經過漢儒戴德川改成八十五篇，最後又經過其弟戴聖再次刪減爲四十九篇。

不過，時至今天，由於時代日新月異，工商社會瞬息萬變，國際觀光往來。日趨頻繁，禮節也隨著時代的需要、更形簡單化、現代化、民主化、合理化及國際化，換言之，現代的用餐禮節，除應保持我國固有禮儀和習俗外，更應該酌取各先進國家通用的禮節，以符合實用。

中國人到國外去觀光，尤其在餐廳裏的一舉一動、一言一笑，最受外國人批評的是，處處製造很多「噪音」，如果一個人平常就不懂得如何去「品味」生活的情趣，當然會發出「噪音」來，因爲把「品味」二個字混合起來，取掉一橫，就變成「噪」字。而這一橫的缺少，就是不懂禮節的意思。

中國人進入餐廳後，第一招中國工夫就是舉起手來大聲喊叫服務生，而第二招則是大聲拍手或彈動手指叫人，使原來優雅的氣氛破壞殆盡！人家在演講或表演時，應該拍手鼓勵時，他偏偏不拍而不該拍時，卻拍得令人毛骨悚然！至於第三招就是打開濕毛巾時，不用手去撕開，卻用雙手用力大聲地拍打出聲，叫周圍的客人嚇了一跳並用白眼看你。而你卻悠悠哉，得意洋洋，好像很了不起。接著就是嘶嘶喝湯或吃麵條的聲音，最後一招更可怕，就是猜酒拳，像是在吵架，打架，叫你不敢招架！另一個怪招雖然不出聲音，卻是叫你默默然佩服，看得目瞪口呆，那就是把牙籤含在嘴裏，一邊講話、一邊讓牙籤上下搖動，眞是中國功夫之精華表現無遺。

其實，中餐禮儀的精華所在就是要懂得如何用筷子的要領。日本近幾年來，又開始鼓勵年輕人，多多學習使用筷子，否則他們已不像從前那樣會寫毛筆字了。因爲他們認爲年輕人喜愛「速食」，樣樣求快速，失去「耐性」，而「冷食」吃多，所以「冷淡無情」，而且大部分使用刀叉，所以不會寫毛筆字。

究竟要怎樣作，才合乎中餐禮節呢？只要遵守下面所說的「用筷禁忌」，再加上進食時的六原則，那麼你就能享受美食的樂趣了。

用餐六原則

一、進食時，保持良好姿勢。

二、不要大口吃，大聲說話。

三、不可邊吃，邊歎氣或時常看錶。

四、勸酒、勸菜，不可過份勉強。

五、不要在餐桌上補妝。

六、儘量避免談及宗教、政治及性的話題。

用筷禁忌

一、不可舔筷子。
二、不可用筷刺食食物。
三、不可將筷子橫跨在食器上。
四、不可用筷子拖垃食器。
五、不可用筷子翻揀食物。
六、不可舉筷子，猶豫不決。
七、不可讓湯汁滴落。
八、不可用筷子傳接食物。
九、不可亂揮筷子。
十、不可用筷撞擊作響。
十一、不可用筷指人。
十二、不可倒拿筷子，挾菜給別人。
十三、不可用筷剔牙。
十四、不可插立在飯中。
十五、不可用筷子打拱作揖。
十六、不可用筷子醮醬油。
十七、不可與別人的筷子相碰。
十八、不可折斷筷子。
十九、不可拿著筷子講話。
二十、不可從魚的骨頭間，挾取下面的肉。
二十一、不可像握刀那樣拿筷子。
二十二、不可跨過別人的餐盤取菜。
二十三、不可舉筷空取無物又放下。
二十四、不可二個在同一碗中夾菜。
二十五、不可用不同質料的素材，配成一雙筷子。
二十六、不可用筷將食物塞進口內。

用餐的禮節是代表一個人的教育，修養及身份，希望人人都能好好遵守，使我們的飲食情趣更加多采多姿，而中華美食文化更能發揚光大。

附錄七　日本料理禮儀

每一個國家的飲食禮節，顯然都受到了他們的歷史、地理環境及宗教信仰的影響，形成各自獨特的餐飲文化。

日本料理雖然很重視五味、五色和五法的烹調技術，以及春夏秋冬的季節感，但是更重要的是要如何在優雅的氣氛中，以高雅的禮節去品嚐及享受這些精緻細巧，美味可口的日本料理。

日本料理的用餐禮節不是很複雜，就像他們所謂：「用餐禮節，始於用筷，終於用筷。」可見，只要懂得如何拿筷、用筷、及「用筷的禁忌」，不但可以很愉快地享受一餐日本美食，更能表現自己優雅的風度，讓別人刮目相看。現在就讓我們一起來學習日本料理的用餐禮節吧！

怎麼拿筷子？

先用右手拿起橫放在筷架上的筷子中段，再用左手從筷子的下面托住，接著右手由上方滑向筷子右端，轉往下方，並將手掌反轉朝上移回筷子中段，當拇指移到中段上面時，緊緊拿住筷子，並將左手放下。

如果左手已拿著碗，又想用右手拿起筷子的話，應先用右手拿起筷子，再用左手的中指和無名指夾住筷子的左端（尖端），然後將右手反轉拿好筷子。

如果餐廳沒有提供筷架，可臨時將裝筷子的紙套摺成筷架。記住：筷子尖端三公分以上的部分不能弄髒，如果弄髒了，應用棉紙擦乾淨。

碗的拿法

要先用雙手將碗拿起來後，再移至左手拿穩。有蓋子的碗，在掀起蓋子前，應將左手托在碗下，以右手掀開蓋子；打開時，蓋子要面向自己的方向。

如果碗原來是放在膳架的中央或右側，那麼取下來的蓋子就要放在膳架的右外側，並將蓋子翻面放著；如果在左側，蓋子就放在膳架的左外側。

如果一頓飯吃下來有好幾個蓋子時，不可將它們疊高。用完餐後，應將蓋子蓋回去。

如何吃得有「禮」？

當前菜送來時，如果是很多種類的菜擺在一起，應按照左側、右側、中央的順序，輪流取用。

吃完前菜接下來是喝湯，喝湯時應先用左手扶住碗的邊緣，再用右手慢慢掀開碗蓋。掀開時，宜讓碗蓋上的湯汁流進碗裡，再把蓋子朝上放在桌上。然後用雙手端起碗，先啜一、兩口以品嚐香味，再放回桌上，接著就可以拿起碗和筷子，交互著吃裏面的菜和湯汁，不可以一口氣把全部的湯先喝光再吃菜。

喝湯時，筷子的尖端應朝內側或朝向碗，不可以朝外指著對方，也不可以用筷子在碗裡左右上下攪弄湯汁。

生魚片是日本料理的重頭戲，一般人吃生魚片時，常將芥末和醬油攪混在一起，用來蘸著生魚片吃。這是很不正確的吃法。

應該先將芥末直接塗抹在生魚片的中央，再去蘸一點點醬油；或者，在醬油碟邊緣預先放一撮芥末，要吃生魚片時，先蘸一下芥末，然後讓生魚片順著醬油碟滑溜下去，順便蘸一點醬油；這樣吃才能夠保持原有的風味。

如果盤子裡有很多種類的生魚片時，應該先吃味道較淡的、或顏色較白的肉片，把較肥的、較紅的，留在後面吃。吃生魚片時，蘸生魚片的醬油碟，可以用手拿起來托在胸前，或用棉紙當托盤以防止醬油滴落。

如果吃的是日本便當，飯盒中各種菜色隔開擺放著，這時應先吃主菜及靠近自己這邊的菜。如果便當盒太大，無法用手整個拿起來時，也可以利用蓋子或棉紙當成托盤盛著菜吃。

吃茶碗蒸，則應左手拿著碗，右手使用湯匙取用；如果碗太燙，可以用棉紙托在碗下，絕不可用湯匙把蒸蛋攪得稀爛再吃。

土瓶蒸在日本料理中也是很常見的。吃土瓶蒸應先將蓋子打開，把酸橘慢慢地擠汁放進壺內，喝時，將湯汁倒入小杯子再喝。然後由壺中取出一些食物，放入杯中再吃。切記，務必要把食物與湯汁交替放入杯中，再由杯中輪流地取用。

「田樂」是用竹籤串叉，藏著甜味噌烤成的豆腐，食用時，先用筷子按住豆腐，再拉出竹籤，然後切成一口大小再吃。

吃炸魚、炸蝦等炸物時，必須蘸著摻有白蘿蔔泥的佐料一起吃，才美味可口，又沒有油膩味。蘿蔔泥的作法是把磨碎的白蘿蔔倒入醬油中，再加入蔥末拌勻即成。

如果要從口中取出魚刺，可以用棉紙式手掩蓋著，再用筷子取出魚刺，放在盤上的一端。

壽司、涼麵、飯的吃法

吃壽司如果用手，應該用右手的拇指、食指和中指捏住壽司，稍微向左傾斜，再蘸些醬油即可。如果用筷子吃，蘸醬油的方法跟前面所說的一樣。總之，醬油不能蘸得多到使飯和材料分開。

吃日本涼麵，麵送來時旁邊一定附有放調味汁的小杯，吃之前，先把專用的醬油放入小杯中，再放一些蔥、芥末等香料。吃的時候，先用筷子由竹簍中挑取一口分量的麵條，將麵條下端三分之一的部分放入小杯裡蘸佐料，再夾出來吸進嘴裡，發出聲音地吃下去。

這是日本人特殊的吃麵方法。他們說這樣吃才有樂趣，也才能夠享受麵條滑過喉嚨溜下肚子的舒服感。

吃飯時，如果附有湯汁和香物（醃過的醬菜），不可一直光吃飯或香物；應該交互著吃，要一口湯、一口飯和一口醬菜，依序交替進食，才是禮貌。

要注意的是，不可在飯上面放香物和佐飯的菜。

如果要添飯，應該將飯碗放在服務員端來的盤子上，待添好了飯，再用雙手將盤上的碗端過來。接過飯後，不可馬上就吃，應先放在膳架上，再端起來吃，千萬不可左手拿飯碗，右手同時拿湯碗。這是最大的禁忌。

毛巾、棉紙的用法

毛巾（或濕紙巾）若裝塑膠袋中，一般人常會用手去拍，發出「ㄆㄛ」的一聲，以撕破塑膠袋取出毛巾。這樣的動作會帶來噪音，打擾到別人，破壞用餐時寧靜的氣氛，所以做不得，應該用撕破才對。而且毛巾是用來擦手及指頭的，不要拿來擦臉或嘴巴。

棉紙又稱懷紙，在日本料理中就像西餐的餐巾，有同樣用途：

一、擦拭碗盤周邊的口紅印或油膩的污點。
二、擦拭筷子尖端的污髒。
三、擋住快要滴下來的湯汁。
四、擦去滴落的湯汁。
五、放吐出來的魚骨頭，也可作托盤使用。

用餐完畢後，應使用棉紙把筷子尖端擦拭乾淨，擺放在筷架上。

旅館餐飲經營實務

作　　者／詹益政
出 版 者／揚智文化事業股份有限公司
發 行 人／葉忠賢
登 記 證／局版北市業字第 1117 號
地　　址／台北縣深坑鄉北深路三段 260 號 8 樓
電　　話／(02)8662-6826
傳　　真／(02)2664-7633
E-mail ／service@ycrc.com.tw
印　　刷／鼎易印刷事業股份有限公司
I S B N ／957-818-414-X
初版一刷／2002 年 8 月
初版三刷／2009 年 10 月
定　　價／新台幣 350 元

國家圖書館出版品預行編目資料

旅館餐飲經營實務／詹益政著. -- 初版. –
臺北市：揚智文化，2002[民 91]
面；　公分

ISBN　957-818-414-X（平裝）

1.飲食業 – 管理

483.8　　　　　　　　　　91010453